MICRO EXPRESSION PSYCHOLOGY

微表情
心理学

何成洁◎编著

—— 洞悉微妙先机 抢占人际博弈中的制高点 ——

北京时代华文书局

图书在版编目（CIP）数据

微表情心理学 / 何成洁编著 . -- 北京 ： 北京时代
华文书局，2019.5 （2021.5 重印）
ISBN 978-7-5699-2983-6

Ⅰ．①微… Ⅱ．①何… Ⅲ．①表情－心理学－通俗读
物 Ⅳ．① B842.6-49

中国版本图书馆 CIP 数据核字（2019）第 063163 号

微 表 情 心 理 学
WEIBIAOQING XINLIXUE

编　　著 | 何成洁

出 版 人 | 陈　涛
选题策划 | 郄亚威
责任编辑 | 周连杰
封面设计 | 吕宜昌
责任印制 | 刘　银

出版发行 | 北京时代华文书局 http://www.bjsdsj.com.cn
　　　　　北京市东城区安定门外大街 136 号皇城国际大厦 A 座 8 楼
　　　　　邮编：100011　电话：010-64267955　64267677
印　　刷 | 北京兰星球彩色印刷有限公司　电话：0316-5925887
　　　　　（如发现印装质量问题，请与印刷厂联系调换）
开　　本 | 710mm×1000mm　1/16　印　张 | 16　字　数 | 180 千字
版　　次 | 2019 年 6 月第 1 版　　　印　次 | 2021 年 5 月第 2 次印刷
书　　号 | 978-7-5699-2983-6
定　　价 | 39.80 元

Contents 目 录

Chapter 1　藏在微表情里的秘密 ················· 001

人类表情的方式 ······················· 003

微表情的定义 ························· 006

心理应激微反应 ······················· 008

笑的类型 ··························· 011

眼神的秘密 ·························· 014

眉毛的"功能" ························ 017

丰富多样的嘴部动作 ····················· 021

用鼻子表达情绪 ······················· 024

头部动作传递的信息 ····················· 027

眼睛传达出的内心世界 ···················· 029

Chapter 2　音容笑貌有"玄机" ················· 031

读懂他人的眼神 ······················· 033

笑容的秘密 ·························· 035

额头透露出个性 ······················· 037

鼻子和性格息息相关 ····················· 039

眉毛能传递心声 ……………………………… 041

嘴巴传递内心活动 ……………………………… 044

牙齿透出情绪和性格 ……………………………… 047

看面部表情判断是否说谎 ……………………………… 049

触摸鼻子可能是掩饰谎言 ……………………………… 051

从眨眼频率判断是否在撒谎 ……………………………… 053

摸耳朵可能是言不由衷 ……………………………… 055

说话模式泄漏说谎秘密 ……………………………… 059

微笑不都是真诚的 ……………………………… 062

撒谎者的目光也会坚定 ……………………………… 064

抓挠脖子也有可能是说谎 ……………………………… 066

撒谎者会受到潜意识的支配 ……………………………… 068

Chapter 3　读懂脸方能读懂心 ……………………………… 071

摩擦前额：犹豫不决 ……………………………… 073

揉太阳穴：大脑疲劳 ……………………………… 075

额头出汗：情绪紧张 ……………………………… 077

抓摸胡须：思索或安慰 ……………………………… 078

面部迟疑：谎言信号 ……………………………… 080

脸庞发红：含义不同 ……………………………… 081

面色苍白：多为惊恐 ……………………………… 084

人的惊讶表情小于1秒钟 ……………………………… 085

手按头部或脸颊：渴望安慰和鼓励 ……………………………… 086

打哈欠、紧锁眉头或托下巴：提神或提醒 ……………………………… 090

固执已见的表情特征 ·············· 092

磨牙：为难或有压力 ·············· 093

咀嚼频率和力度：冻结反应与自我安慰 ········ 095

眉眼能透出不屈服 ·············· 097

鼻孔外翻、嘴唇紧抿：控制怒气 ········ 098

轻蔑的多种表现形式 ·············· 099

面对惨状的恐惧和悲伤 ·············· 100

攻击之前的征兆 ·············· 102

羡慕嫉妒恨的典型表情 ·············· 103

面无表情的时候最可怕 ·············· 105

Chapter 4 举手投足也能出卖你 ·············· 107

能"出卖"你的身体语言 ·············· 109

身体语言会随着年龄的增长而变化 ·············· 112

轻易点头是无声的拒绝 ·············· 115

手势隐含更多的意思 ·············· 117

体现紧张的小动作 ·············· 120

头枕双手的心态 ·············· 122

寻求自我安慰的典型动作 ·············· 124

交叉双臂，是为自己筑的一道障碍墙 ········ 126

双手叉腰：男性警告，女性炫耀 ········ 128

身体指向代表心理状态 ·············· 130

相处的距离显示双方的关系 ·············· 132

"沟通中最强有力的乐器" ·············· 133

讲话的声音反应态度 ………………………………… 135

语速快慢体现说者的心态 ………………………… 138

提问的方式有助了解对方 ………………………… 140

有效说话的软本领 …………………………………… 144

谈话风格体现人物性格 …………………………… 147

礼貌过度会让人反感 ………………………………… 150

打招呼方式对应不同的性格 ……………………… 152

说话方式体现个性特点 …………………………… 154

注意说话者的"弦外之音" ………………………… 157

Chapter 5　服饰背后的秘密 ………………………… **159**

服饰上的色彩心理学 ………………………………… 161

看鞋子更能窥探人的内心世界 ………………… 166

通过手提包来认识它的主人 ……………………… 169

以帽识人 ……………………………………………… 172

手表体现主人性格 …………………………………… 176

通过饰品判断性格 …………………………………… 180

Chapter 6　行为心理折射人性密码 ……………… **183**

发掘行为背后隐藏的意义 ………………………… 185

通过行为心理学来了解自己 ……………………… 189

分析他人个性，预见其未来的行为 …………… 193

变成心理学家那样的"窥心者" ………………… 197

行为是无法说谎的 …………………………………… 201

通过行为心理学掌握他人潜意识 ………………… 204

审视自己，了解他人的终极技巧 ………………… 207

拥有预见他人行动的"先知之眼" ……………… 210

不要小看"过去"对人的影响 …………………… 214

认知失调的自我平衡 ……………………………… 218

Chapter 7　微表情与性格 …………………… 221

自卑情结：优秀源自对自卑感的超越 ………… 223

踢猫效应：坏心情是怎样传染的 ……………… 227

忘记是否因为记性不好 ………………………… 230

为何无缘无故就感到日夜煎熬 ………………… 234

抑郁是内心黑暗无边的阴霾 …………………… 238

Chapter 8　"笑容"的背后 ………………… 241

开怀大笑：欢乐十足 …………………………… 243

微笑：洋溢着温暖 ……………………………… 244

假笑：另类的伪装 ……………………………… 245

冷笑：不屑的讥讽 ……………………………… 246

狂笑：桀骜之人或亡命之徒 …………………… 247

1

Chapter 1

藏在微表情里的秘密

人类表情的方式

人的表情主要有三种方式：面部表情、身体姿态表情和语言声调表情。面部是最有效的表情器官，面部表情的发展在根本上来源于价值关系的发展，人类面部表情的丰富性来源于人类价值关系的多样性和复杂性。

面部表情

人的面部表情主要表现为眉、眼、嘴、鼻、面部肌肉的变化。

眉：眉间的肌肉皱纹能够表达人的情感变化。柳眉竖起表示愤怒，横眉冷对表示敌意，挤眉弄眼表示戏谑，低眉顺眼表示顺从，扬眉吐气表示畅快，眉头舒展表示宽慰，喜上眉梢表示愉悦。

眼：眼睛是心灵的窗户，能够最直接、最完整、最深刻、最丰富地表现人的精神状态和内心活动，它能使彼此自由地沟通，能够创造无形的、适宜的情绪氛围，代替词汇贫乏的表达，促成无声的对话，使两颗心相互进行神秘的、直接的窥探。

眼睛通常是情感的第一个自发表达者，透过眼睛可以看出一个人是欢乐还是忧伤，是忙碌还是悠闲，是厌恶还是喜欢。从眼神中有时可以判断一个人的心是坦然还是心虚，是诚恳还是伪善：正眼视人，显得坦诚；躲避视线，显得心虚；斜着眼，显得轻佻。眼睛的瞳孔可以反映人的心理变化：当人看到有趣的或者喜爱的东西时，瞳孔就会扩大；而看到不喜欢的或者厌恶的东西时，瞳孔就会缩小。目光可以委婉、含蓄、丰富地表达爱抚或推却，允诺或拒绝，央求或强制，询问或回答，谴责或赞许，讥讽或同情，企盼或焦虑，厌恶或亲昵等复杂的思想和愿望。眼泪能够恰当地表达人的许多情感，如悲痛、欢乐、委屈、思念、温柔、依赖等。

嘴：嘴部表情主要体现在口形变化上。伤心时嘴角下撇，欢快时嘴角提升，委屈时嚒起嘴巴，惊讶时张口结舌，愤恨时咬牙切齿，忍耐痛苦时咬住下唇。

鼻：厌恶时耸起鼻子；轻蔑时嗤之以鼻；愤怒时鼻孔张大，鼻翕抖动；紧张时鼻腔收缩，屏息敛气。

面部肌肉：面部肌肉松弛表明心情愉快、轻松、舒畅；肌肉紧张表明痛苦、严峻、严肃。

一般来说，面部各个器官是一个有机整体，协调一致地表达出同一种情感。当人感到尴尬、有难言之隐或想有所掩饰时，其五官将出现复杂而不和谐的表情。

身体姿态表情

人的情感状态、能力特性和性格特征有时可以通过身体姿态来自发地或有意识地表达出来，从而形成身体姿态表情。当人处于强烈的兴奋、紧张、恐惧、愤怒等情感状态时，往往抑制不住身体姿态表情的变化，比如演员就经常通过夸张的身体姿态来有意识地表达角色的情感变化。

人的身体姿态表情是丰富多样的。正襟危坐可知其恭谨或紧张，坐立不安可知其焦急慌神，手舞足蹈可知其欢乐，捶胸顿足可知其懊恼，拍手时可知其兴奋。振臂时显得慷慨激昂，握拳时显得义愤填膺，不停搓手时表示心中烦躁不安。脚步轻盈表明心情愉快，脚步沉重而不均匀表明处境不佳，脚步迟缓表明心事重重，脚步铿锵有力表明勇敢与坚强。昂首挺胸表明自信与自豪，点头哈腰表明顺从与谦恭。手忙脚乱表明心情紧张，全身颤抖又冒虚汗表明心虚害怕。

语言声调表情

语言本身可以直接表达人的复杂情感，如果再配合以恰当的声调（如声音的强度、速度、旋律等），就可以更加丰富、生动、完整、准确地表达人的情感状态，展现人的文化水平、价值取向和性格特征。

根据语言声调的不同特点可以判断人的情绪状态和性格特征：悲哀时语速慢，音调低，音域起伏较小，显得沉重而呆板；激动时声音高且尖，语速快，音域起伏较大，带有颤音；说话语速较快、口误多的人被认为地位较低且又紧张；说话声音响亮、慢条斯理的人被认为地位较高且悠然自得；说话结结巴巴、语无伦次的人缺乏自信，或者言不由衷；男声中如带气息声，被认为较年轻，富有朝气，富有艺术感；女声若带有气息声，被认为美妙动人，富有女人味；平板的声音被认为冷漠、呆滞和畏缩；喉音使男性显得成熟、世故和老练，判断力强，但使女性失去魅力；女中音和男低音代表暴躁气质；女高音和男高音多表明为人活泼；急剧的变调对比表达暴躁气质；音调的抑扬婉转显露活泼的天性，表明气质温和柔顺；声音的旋律可以表达人的欢乐与苦闷、希望与企盼。

微表情的定义

在生活中，控制和伪装的表情数量，要远远多于真实表达情绪的表情数量。很多时候，人们那些不受控制的细微表情会"泄露"出一些真实的信息。心理学上将这种不受思维控制的，由情绪引发或者习惯使然的表情称为微表情。微表情最短可持续1/25秒，虽然一个下意识的表情可能只有一瞬间，但这种特性很容易暴露情绪。当面部在做某个表情时，这些持续时间极短的表情会突然一闪而过，而且有时会表达相反的情绪。

人的面部可以传输信息，它是媒介，是信息传输器。"阅读"一张脸时，有非常多的信息可以帮助人们去发现假装的表情。其中包括脸的基本结构和肌肉特性：这张脸是很长且棱角分明，还是又圆又胖？通常，看到一张陌生的面孔后，人们会翻阅名片夹，在认识的人里找出脸型相似的人。人们也会通过眼镜、化妆、文身或穿孔等人为装饰来做出自己的判断。

通过表情，就能断定自己是不是喜欢某个人。通常人们把这归因于下意识、直觉或是本能感觉。

微表情是无意识的，总是一闪而过，通常让人难以察觉。实验证明，只有10%的人能察觉到。比起人们有意识做出的表情，微表情更能体现人们真实的感受和动机。虽然人们会忽略微表情，但是人的大脑依然受其影响，改变对他人表情的理解。所以如果某人很自然地表现"高兴"的表情，且其中不含有其他微表情，就能断定这人是高兴的。但是如果其间有"嗤笑"的微表情闪现，就算你没有刻意去察觉，你会更倾向于认为这张"高兴"的面孔是狡猾的或不可信的。

另外，微表情除了指短暂的表情外，在应用上更倾向于指那些被抑制的表情。譬如说在明显悲伤的情况下，某人表现出大部分悲痛的表情，嘴角却抑制不住地上翘，这说明这个人明显希望表现出悲伤的情绪，但是却不由自主地出现了微笑的微表情。由于自身理性的抑制，表现得不明显抑或较为短暂。类似这样的差异在微表情分析中更为常用。

心理应激微反应

微反应，在心理学上称为"心理应激微反应"。它是人们在受到有效刺激的一刹那，不由自主地表现出的不受思维控制的瞬间真实反应。微反应从人类本能出发，不受思想的控制，无法掩饰，也不能伪装。

微反应包括三个方面的内容：一是本书主要讲解的"微表情"，属于"面孔微反应"；二是除了表情以外的，其他能够映射心理状态的身体动作，心理学家称之为"微动作"，也就是人们常说的"小动作"，属于"身体微反应"；三是语言信息本身，包括使用的词汇、语法以及声音特征等，被称为"微语义"，属于"语言微反应"。

曾经风靡一时的美剧《别对我说谎》，很多人看完之后，还要实践一下里边用的识谎妙招，幻想有一天能像剧中男主角那样从别人的动作、表情中识别谁在说谎。每一集的剧情里，男主角都能通过识别他人的微反应找到真正的案犯。

现实生活中，我们会发现有一部分人能很好地掩饰自己的真实想法，你看不出他是真的高兴还是曲意逢迎。但事实上，这些伪装得很好的人也会通过微反应泄露自己的真实想法。心理学认为微反应是一种下意识的反应，并不受我们大脑的理性控制，通常都会在你意识不到的情况下表现出来。而且，它恰恰能反映一个人内心的真正意图。

具体来说，人大致有以下几种微反应：

安慰反应

这是人受到负面刺激（批评、压力、否定等）后可能出现的反应。安慰反应在说谎的时候尤其常见且明显，因为说谎是迫于某种压力而进行的行为。如果对话的情境可以确定存在某种压力，那么安慰反应可以映射出此人当时的内心状态——不舒适。

爱恨反应

这是人与人之间心理距离的两个极端——爱和恨所主导产生的反应。爱的时候会希望对方也能爱，会担心对方不爱；恨的时候会主动拉开距离，会咬牙切齿地质问"为什么不爱我"，还会干出更疯狂的举动。身体间的距离，可以体现出人和人之间的心理距离。人的某些行为，也可以体现出其内心的喜爱与厌恶。

领地反应

这是人在自己的"领地"中所表现出来的领导风范。在自己的地盘里，人会表现得放松、自在、威严，还可以毫不费力地指挥。如果有人敢于侵入自己的领地范围，则会引起强烈的警觉和反击。观察人的姿态和动作，可以判断出其内心是否具有安全感，而挑战对方心中设定的领地范围，可以激起强烈的愤怒，这些可以帮助建立心理测试中的有效刺激。

冻结反应

这是人在受到意外刺激时的第一反应。突如其来的刺激，会让人瞬间出现短暂的停顿，用来看清状况，思考对策。如果在一个问题出现后，对方出现瞬间的行为停滞，说明这个问题让对方感到意外，意外的刺激是打破对方心理防线的有效手段。

仰视反应

这是人对自己能力高低、地位差异、胜败预测、优劣定位进行判断后的反应。进化积累的本能，使得人会仰视比自己高大的对象，蔑视比自己矮小的对象；反之，人会本能地尽量抬高自己的身体以期建立优势，也会在认怂的时候，把自己的身体放低。所以，观察一个人的体态高低，可以判断其内心的自我定位。

逃离反应

这是人感受到厌恶或恐惧的时候产生的反应。如果面对的刺激具有威胁性（可能伤害到自己），而自己又没有改变局面的信心，则会出现逃离反应。远古时代的逃离是跑，现代社会的逃离则多数比较隐晦。出现逃离反应，可以判断出行为人内心对刺激源所持的负面心态、厌恶或恐惧。

胜败反应

这是战斗结束之后的表现。胜利的人趾高气扬，失败的人垂头丧气。如果经过战斗之后，观察到被测试人的胜败反应，则可以用来分析此人心态，还可以用来预测事情的走向。

战斗反应

这是人愤怒的最强表现。引发愤怒和战斗的原因，无论多么具体，都可以归结为生存和繁衍中遇到的威胁，比如"同行是冤家"可以溯源到对生存的威胁，"冲冠一怒为红颜"则可以溯源到对繁衍的威胁。一旦战斗反应出现，除了可以逆推出愤怒情绪之外，还可以预见到"不会轻易放弃"的行为趋势。

了解了这些具体的微反应，我们就能根据对方的表现来判断其真实的内心感受，从而做出最正确的行为反应。

笑的类型

笑的表情有很多种，有微笑、苦笑、嘲笑等。笑本来是为了缓和紧张感而生的，然而像嘲笑或怜悯的笑之类，反而是在不愉快的场合中出现的笑。

在生活中，我们可以根据不同类型的笑，来了解他人微妙的心理情况。

笑时抿着嘴

这种笑能让人感觉到他的优越感。这种笑，有时会让人觉得不舒服。这种人可能容易轻视他人，而且丝毫不加掩饰，不谙别人心理的微妙之处，是独善其身的人。即使自己发生失误，也会假装"不关我的事"，一副若无其事的样子，会不在乎地推托抵赖。

笑声爽朗

这种人性格开朗，从心里感到放松，表示豪迈的笑与高声笑。只不过，在不太自然的情况下大笑，会令人感觉有别的意图，如故意显示自己很了不起，让人觉得自己很豪爽。有的人外表看起来豪爽，然而内心有强烈的自卑感与不安，想以大笑来隐藏，属于个性扭曲、不想让人看见真心的那种类型。

笑时发出咔咔声

这种人平常性格较温顺，是谨慎保守的老好人，会在背后帮忙。假如故意这么笑的话，就有嘲笑人的因素在里头。

笑时不出声，有时候会唇部向上移动，略呈弧形，但牙齿不会外露

这种人大多是比较真诚的，旨在表示接受对方，待人友善。这种人比较亲和，个性自得其乐，充实满足，没有太大的竞争心理。

笑时嘴巴向两侧张开，上齿显露在外

表明此人单纯没有城府，不会钩心斗角，可以真诚交往。

笑时嘴巴大张，呈现为弧形；上齿下齿都暴露在外，并且张开；口中发出"哈哈哈"的笑声，带有少许的肢体语言

在比较轻松的交际氛围中，哈哈大笑是一个人爽朗、不拘小节的表现，表明此人易于沟通，且人品值得信任，面对此人不能表现得心胸狭窄，否则会适得其反。

一位女士对男士抿嘴一笑，眼角上翘，上下眼睑距离变小

这是女士表面害羞矜持，内心比较满意的笑容，这就到了男士展现魅力的时候了。

在没有任何征兆的前提下发出笑声，脸部表情少，主要靠声音来表现笑容

这种笑在气氛尴尬的场面可能是打破沉闷气氛的一种手段，此种笑声表明此人有能力掌控局面。当在一种竞争的氛围下，故意地笑且伴有些许的肢体语言，如伸手拿水杯或拍拍沙发扶手等，那表明他在试图缓解紧张的情绪，寻找对自己有利的因素。

笑时发出的声音比较短促，并伴有不屑的情绪

这时试着只看其眼睛周围，如果没有出现褶皱，眼尾不是向上弯起，表明此人虚伪或对你没有产生交际兴趣。这时避开他擅长的话题，在自己比较精通的领域上多下功夫，才会提高自信，让他对你有所顾忌而不是蔑视不理。

在笑的同时脸泛红潮或者惨白，并且面部即刻表现出扭曲、不自然

表明此人有说谎的嫌疑，或是为被揭穿后有可能造成的形象损害而感到不安。这时可看利害关系，或宽容，或直接揭穿给其致命一击。

笑时总是脸部泛红且时间长，脸部没有激动扭曲

表明只是害羞，这时只需说一句玩笑话就能让他对你心生谢意，从而拉近彼此之间的关系。

笑时像被击中痛处一样，嘴角向上弯曲幅度较大，五官像拧紧一样刻意表现出笑意

这是痛苦的笑。这时对于施痛者的一句幽默反击是解救此人痛苦的最大帮助。如果表以安慰，那么将痛上加痛。

判断一个人是不是从内心发出的笑，只要留意其眼睛和全身即可得知。不自然的笑或有目的的笑，通常嘴角堆着笑，但眼睛却没有笑意。此外，身上也没有很兴奋的反应。

眼神的秘密

你知道人们眼球的转动常常在向大众传递怎样的信息吗？向哪里看是在回忆，向哪里看又是在思考呢？下面，让我们共同来研究一下眼球转动所透露出的人们内心的秘密。

科学研究证明，在眼球后方感光灵敏的角膜含有1.37亿个细胞，它们将收到的信息传送至脑部。这些感光细胞在任何时间均可同时处理150万个信息。这就说明，即使是一瞬即逝的眼神，也能发射出千万条信息，表达丰富的情感和意向，泄露心底深处的秘密。所以，眼球的转动，眼皮的张合，视线的转移速度和方向，眼与头部动作的配合所产生的奇妙复杂的眉目语，都在传递着信息。

科学家对眼睛做了详细的研究，眼睛是大脑的延伸，眼球底部有三级神经元，就像大脑皮质细胞一样，具有分析综合能力；而瞳孔的变化、眼球的活动等，又直接受脑神经的支配，所以人的感情自然就能从眼睛中反映出来。瞳孔的变化是人不能自主控制的，瞳孔的放大和收缩，真实地反映着复杂多变的心理活动。如果一个人感到快乐、喜爱和兴奋的时候，他的瞳孔就会放大至平常的四倍；相反的，如果体验到生气、讨厌、消极的情绪，瞳孔就会收缩得很小；如果瞳孔没有变化，就表示他对所看到的事物漠不关心。

心理学家艾克斯莱恩等人曾做过人们对视的实验。实验结果表明，如果事先指示受测者"隐瞒真意"，在受测中，注视对方的比率，男人会降低，女人则反而提高。男人在未接到指示的情况下，其谈话时间内有66.8%的时间在注视对方；但得到指示后，却只有60.8%的时间在注视对方。至于女人，在接受指示之后，居然能提高到69%的时间在注视对方。因此，当在公开场所遇见女人注视自己过久的时候，不妨认为她可能心中隐藏着什么，要注意她言不由衷的真相。

另一方面，人的视线活动方式，也反映着人的心态。一般认为，目不转睛地注视对方谈话的人较为诚实，但不一定是自始至终都盯着不放。

相反，移开视线，其情况又如何呢？一般认为初次见面时，先移开视线者，其性格较为主动。另外，谈话中，一个人是否能占上风，在最初的30秒即能决定。当视线接触时，先移开目光的人，就是胜利者。相反，因对方移开视线而耿耿于怀的人，就可能胡思乱想，以为对方嫌弃自己，或者和自己谈不来，因此，在无形中对对方的视线有了介意，而完全受对方的牵制。正因为如此，对于初次见面就不集中视线跟你谈话的挑战型对象，应特别小心应付。

不过，同样是移开视线的行为，如果是在受人注意时才移开，那又另当别论了。一般而言，当我们心中有愧疚，或有所隐瞒时，就会产生这种现象。一位名叫詹姆士·薛农的建筑家，曾经画过一幅皱着眉头的眼部抽象画，镶于大透明板上，然后悬挂在几家商店前，其用意是想借此减少偷窃行为。果然，在悬挂期间，偷窃率大大减少。虽然并不是真正的眼睛，但对那些做贼心虚的人来说，却构成了威胁。他们极力想避开该视线，以免有被盯梢的感觉，因此，便不敢进商店内，即使走进商店里，也不敢行窃了。

我们可以通过他人视线的方向观察其内心。在交往活动中，通过观察人的视线方向，也能透视人的心态。在交往中，如果面对异性，只望上一眼，便故意移开视线的人，大都是由于对对方有着强烈的兴趣。譬如，在火车上或公共汽车上，上来一位年轻貌美的女性，所有人的目光几乎都会集中在她身上，但年轻的男性往往会很快把脸扭向一旁。他们虽然也非常感兴趣，却基于强烈的压抑心理而产生自制行为。假使兴趣欲望增大时，便会用斜视来偷看。这是由于想看清对方，却又不愿让对方知道自己的心思。

我们还可以透过眼睛移动的情况推测他人的心理。在交往活动中，眼睛位置移动情况的不同，其心态也大不相同。譬如，当上级与下级讨论工作时，上级的视线肯定会由高处发出，而且会很自然地直接投射下来。反之，作为下级，虽然并未做任何错事，但视线却常常由下而上，而且往往显得软弱无力。这是由于职位高的人，总是希望对下级保持其威严的心理作用。但也有例外，这与职位高低无关，而是性格原因。一般来说，在交往时，性格内向的人容易移开视线。美国的比较心理学家理查·科斯曾做过一个实验，让患有强度"自闭症"的儿童与陌生的成年人见面，以观测他面对成年人时间的长度。将成年人的眼睛蒙起与不蒙的两种情况相比较，发现该儿童注视前者的时间，居然为后者的三倍。这就是说，双方目光一接触，该儿童会立刻移开视线。由此可知，性格内向的人，大都无法一直注视对方。

眉毛的"功能"

众所周知，人体所有的器官，都有其存在的意义。眉毛的存在也是有作用的。眉毛广为流传的一个作用，是配合人类的直立行走姿态，防止汗液、雨水等刺激源在重力的作用下直接侵害眼睛。仔细观察一下眉毛，可以发现每根毛发的走向，都是向上或者呈水平方向向两侧生长的。这样的走向可以有效地引导小滴液体避开眉毛下方的眼睛，从两侧流下。

但眉毛的功能不仅是保护眼睛，它对于人类而言，还有另外一个重要的功能，就是表达心意。

眉毛既然属于面部的一部分，它就是面部表情不可缺少的成员，换句话说，它所反映的信息和眼睛、鼻子、嘴巴反映的信息一样重要。打个比方，在社交场合，一个人的眼睛、鼻子、嘴巴、眉毛分别有着不同的变化，如果我们只注意到了眼睛、鼻子和嘴巴的变化，而忽略了眉毛的变化，那么，我们从对方面部所获取的信息就是不完整的，这样很容易让我们会错对方的意。

同样，如果对方很善于隐藏，除了眉毛有些细微的变化之外，其他部位往往很难看出什么异样。这时候，我们不注意观察眉毛，那就无从解读对方内心的秘密，也就不会在交际中掌握主动。

眉毛的运动，主要有额肌收缩造成的上扬，皱眉肌主导收缩造成的皱眉，由眼轮匝肌和降眉间肌共同收缩造成的下压。不同的组合，可以形成五种主要形态，而每一种形态所反映的心理也各有不同。

第一种是正常形态。在人们神志清醒，没有受到负面刺激，也没有需要关注的事物，眼睑正常睁开时，眉毛形态为正常形态。眉毛的正常形态大多是两道向下弯曲的弧。

第二种是眉毛高抬。一般来说，在正常的惊讶表情中，眉毛往往和上眼睑一同上提，高于常态，眉毛抬得越高，表示惊讶程度越大。

此外，还有另外一种情况也会抬高眉毛，那就是对自己所说的内容比较自信，甚至认为他人也应理所当然地认可。所以，在明知故问的时候，经常会出现这种快速的双眉高挑。即使在不说话的时候，一个快速的挑眉，也能够让信息接收方了解到这种默契，就像在暗示对方"你懂的"。

第三种是下压状态。下压状态是指眉头、眉体和眉梢整体向下移动，眉毛整体与上眼睑缘之间的距离缩小。眉毛在下压形态时，眼睑也会呈现半闭合状态，如果整体看上去较紧绷，则表示对某种负面视觉刺激源的重度关注。

这种关注源于希望获取更多信息的本能，比如看到某种事物与自己所预期的不相符，一般其内心潜台词是"怎么会这样"。有时也表达不满或者厌恶等情绪。可以归纳出的共同点是，眉毛整体下压，意味着被测试人感受到了压力，下压和眼睑紧绷的程度越大，意味着压力也越大，关注程度也越高。

眉毛下压，眼睑半闭合，这一眉眼动作组合，是很多负面情绪的表现形式，比如不高兴、威胁、忧虑等。

第四种是愤怒状态。当人处于愤怒状态时，眉头会向面孔中线皱起、下压，眉梢向面孔两侧的斜上方挑起。常言道，"剑眉倒竖，虎目圆睁"，描绘的就是这个样子。

愤怒的眉毛状态，是由两种神经系统状态复合而成：一是关注，二是准备进攻。

最后一种是悲伤状态。在人极度悲伤的时候，眉头会抬高，眉梢会降低。在没有充分的悲伤情绪时，要把这个动作做到非常明显是很有难度的。通常，无论是眉头的抬高还是眉梢的降低，都不会很明显，更多的时候，是一种相对的位置改变。而这种相对的改变，是要根据被测试人在平静表情时确立的基线状态来判断的。

其实，眉毛的各种变化和各种不同心态是相一致的。观察一个人的心理活动，看他的眉毛是很必要的，尤其是在眉毛运动的时候。

扬眉

当一个人双眉上扬时，表示非常欣喜或极度惊讶；单眉上扬时，表示对别人所说的话、做的事，不理解或有疑问。

皱眉

皱眉分为两种，即防护性和侵略性皱眉。防护性皱眉的目的是保护眼睛免受外来的伤害，在皱眉时还需把眼睛下面的面颊往上挤，眼睛仍是睁开的。当面临外界攻击或突遇强光、强烈情绪反应时通常会有这种反应。侵略性皱眉是出于防御时的反应，这种皱眉是担心自己侵略性的情绪会激起对方的反击，与自卫有关。如果一个人深皱眉头，表示这个人内心忧虑或犹豫不决。

眉毛打结

眉毛打结指眉毛同时上扬及相互趋近，和眉毛斜挑一样。当人们有严重的烦恼和忧郁时，通常会表现出这种表情，有些有慢性疼痛的患者也会如此。

眉毛闪动

眉毛闪动就是眉毛先上扬，在瞬间内再下降，像流星划过天际，动作敏捷。这是全世界人类通用的表示欢迎的信号，是一种友善的行为。当眉毛出现闪动时，说明对方心情愉快，内心赞同或对你表示亲切。眉毛闪动通常伴有扬头和微笑，但也可能自行发生。眉毛闪动经常出现在一般对话里，作为加强语气之用。每当说话时要强调某一个字时，眉毛就会闪动，像是在强调"我说的这些都是很惊人的"。

耸眉

眉毛先扬起，停留片刻，然后再下降，就是耸眉。耸眉还经常伴随着嘴角迅速而短暂地往下一撇。耸眉表示的是一种不愉快的惊奇，有时也表示一种无可奈何的样子。此外，在热烈的谈话中，当讲到重要处时，人们也会不断地耸眉，来强调他所说的话。

眉毛斜挑

眉毛斜挑是两条眉毛中的一条向下倾斜，另一条向上扬起，扬起的那条眉毛就像一个问号，反映了眉毛斜挑者那种怀疑的心理。在成年男子脸上能较多地看到这种无声语言。

丰富多样的嘴部动作

嘴巴的重要作用之一是进行语言表达，是人宣泄内心情感的重要通道。人际交往离不开语言交流，在与人交流时，嘴部动作也是丰富多样的。其实这些嘴部动作都与说话人的心理活动密切相关，都能反映出说话者的内心状态。无论是古代的相术还是现代的心理学，嘴部都是需要特别关注的部位，是打开人内心世界的一把钥匙。

自古以来，嘴部动作都是心理学家热衷的研究话题。达尔文很早就指出，以手掩嘴是一种吃惊的姿势，说完话后突然以手掩口的人，暴露出一种由自我怀疑到完全说谎的情绪（掩嘴还有偷乐、吃惊、害羞或短暂的思考之意）。生理学告诉我们，人的脸部肌肉会随着感情的变化而变化，其中尤以眼睛和嘴部四周的肌肉最为明显。根据嘴角弧度的不同，嘴部动作可以分为很多种，或张开或闭合，或向上或向下，或向前或向后，或抿紧或放松，不同的嘴部动作反映了不同的心理活动。例如，嘴角上扬表示喜悦，嘴角下垂表示痛苦，嘴巴大张表示惊讶，嘴唇紧闭表示生气等。

心理学家研究了种种嘴部动作所代表的心理状态，最常见的有以下几种。

舔嘴唇

当人们面临很大的压力时，通常会感到口干舌燥，于是会用舌头不断地舔舐嘴唇，来让它湿润些。同样的道理，当人们感到不自在或者紧张时，也会用舌头反复地摩擦嘴唇，以此来安慰自己，并试图使自己镇定下来。

然而，在人际交往中，过多地舔舐嘴唇并不会令人感到更自信，相反的，它会让人感到更加紧张。因此，类似这样的抚慰性动作还是尽量少一些的好。

咬嘴唇

咬嘴唇其实是释放压力的一种方式，当人们心有愤怒或怨恨，却又苦于无处发泄时，常常以此来表达自己内心的不满和紧张。而当我们遭遇失败等情形时，也常常会做出咬嘴唇的动作，似乎是在有意惩罚自己。

心理学家认为，咬嘴唇的动作源于婴儿时期的吮吸动作，类似的动作还包括咬指甲、咬笔杆或嚼口香糖等。这些动作不仅能帮助我们摄入必需的营养，还能帮助我们平复心情。

捂嘴

捂嘴的动作常见于儿童。当孩子们撒了谎之后，他们可能会立刻用一只手或双手捂住自己的嘴巴，似乎是想以此来管住自己的嘴巴，不让其再说不该说的话。

成年以后，人们很少再做出如此夸张的举动。但是，每当他们撒了谎，或者说错了话之后，依然会把手伸向嘴巴，似乎是想以此来收回刚才所说的话。只不过，他们举起的手并没有放在嘴巴上，而是在轻轻划过鼻梁后，最终又归于原位。

抿嘴

当人们面临压力时，一种常见的反应是藏起或抿紧自己的嘴唇。随着压力越来越大，原本丰满的嘴唇会逐渐变得扁平，最终成为一条直线。此时，人们的情绪和自信也跌至谷底。

从心理学的角度来看，嘴唇紧抿是自我抑制的表现，就好像是大脑在告诉我们"紧闭嘴巴，不要让任何东西进入身体里"。这个动作将当事人的焦虑之情暴露无遗。

撇嘴

当人们不开心的时候，经常会做出下唇向前伸、嘴角下垂的动作，也就是我们常说的撇嘴。与嘴角上扬表示喜悦相反，撇嘴的动作表达了一种负面的情绪。每当人们感到悲伤、绝望、愤怒、不屑、鄙夷的时候，他们脸上就会浮现出这样的表情。

噘嘴

当一个人的嘴唇往前噘的时候，往往表明他心存不满情绪或者不同意见。从心理学的角度来看，这是当事人希望将不满意的意见"拒之门外"的意思。我们经常看到，在开会时，当一个人不同意其他人的意见时，往往会做出这样的举动。

值得注意的是，除了心存不满外，噘嘴的动作也常见于爱撒娇的女性。因此，具体分析时，要联系不同的肢体语言和情景来做出判断，不能一概而论。

用鼻子表达情绪

人类用语言来联络感情，而在动物的世界里，表情是它们联络感情、表达情绪的主要途径。仔细观察，你就会发现大多数动物喜欢用龇牙和扩张鼻孔来向对方传递攻击信号。尤其是像黑猩猩这样的灵长类动物，每当它们生气发怒的时候，往往会将鼻孔扩张得很大。从生理学上来说，它们这样做是为了让肺部吸入更多的氧气，但是，从心理学上来说，它们这是在为战斗或逃跑做准备。

和其他动物一样，人类也能用鼻子来表达自己的情绪。比起其他动物，人类运用自己身体的各个器官应该更为灵活。那么，鼻子当然也在我们的运用范围之内，我们在表达自己的情绪时自然也会借助鼻子。

在医学上，鼻子是呼吸系统中的重要器官。鼻子居于整个面部的中央，高高耸立，上接天庭，下临人中。它的主要功能是辨别气味，吐故纳新，是人体的主要器官之一。

很早以前，就有学者研究表明：人的鼻子是会动的。学者观察发现，在受到异味和香味刺激时，鼻孔会做出明显的伸缩动作。在气味较刺激的情况下，整个鼻体也会微微地颤动，接下来往往就出现打喷嚏现象。这些动作，都是在发射信息。

人们常常将那些高傲的人称为"鼻孔看人"，虽然鼻孔并不具备看人的构造和功能，但在高傲者的情绪表达过程中，它却很喜欢扮演这样的角色。将头颅高高扬起的人传达着一种不屑、骄傲的情绪，他们仰头的样子，就好像是要将自己的鼻子高高耸起来一样。而在日常生活中时常将自己的鼻子高高耸起的人，多是清高、不合群的家伙。

粗大的鼻子显示一个人有着充沛的生命力，相反，鼻子细小则给人一种单薄的感觉。前面所说，人五官中的眼、嘴甚至是眉毛都能显示一个人的性格，鼻子当然也不例外，光是鼻子的形状就能很清楚地告诉我们，它的主人有着什么样的性格特征。

回想一下，当我们在和别人交谈的时候，如果我们对对方的话表示犹豫或者对对方不信任，那么，我们是不是通常会用手不停地摸自己的鼻子，从而来释放我们内心的不良情绪，缓解双方之间的尴尬气氛？这时候，如果对方能够从我们摸鼻子的动作中解读出我们内心的秘密，那么，他就会采取相应的措施来补救，否则，我们和对方之间的交谈肯定会以失败而告终。

可见，对鼻子动作的解读同样是交际中不可或缺的重要内容之一。

鼻子除了协助口腔来制造鼻音之外，它也有自己的声音表达方式。它奇特的构造让自己具备发声的先天条件。当受到外界刺激的时候，鼻子就会以自己独有的语言来发出声音，最常见的就是喷嚏。在打喷嚏之前，鼻子会出现频繁的颤动，伴随着肌肉的抽搐，一个响亮的喷嚏就出来了，这可算是鼻子所有情绪表达中最激昂的了。

如果人们过于悲伤，就会流泪哭泣，这时候眼泪总是以夸张的方式获取最大关注，号啕的嘴巴也是哭泣的重要组成部分，但鼻子也会在这种时候发出自己的声音。哭泣中的人，鼻子会通过不断抽搐而发出"嗤嗤"声，这样的声音出现就说明此人所受到的刺激较大，情绪压抑的程度较高，算是哀伤层级的一个判断标准和信号。有时候，当眼泪和哭嚎结束之后，人们还会依旧处于悲伤情绪中，此时鼻子也会持续发出抽搐的声音，来表现自己难以抑制的低落。

此外，鼻子在有些情况下可以通过自己的方式泄露人们内心真实的想法。当一个人表达自己的怀疑态度时，鼻子就会微微向上提起，同时鼻腔里会发出"嗤"的一声。虽然他没有开口说话，但这个声音就是立场最鲜明的表达，出现这个气声的人显然对别人的意见持否定态度。

头部动作传递的信息

我们在观察别人时，第一眼看到的就是人的头部。它几乎每时每刻都在动，我们通过头部的动作，可以分析出他人的内心想法，是赞成还是反对，是友善还是敌意，是感兴趣还是厌烦，等等。

我们在借助动作识人时，首先是通过人的头部。这不仅是因为头长在身体的最上面，最为显眼，更重要的是，头部动作所传递的信息很多。下面，我们就粗略总结几条来看看。

直竖着头

中国古代哲学中有"不偏不倚谓之中"。意思是说，头部的姿势如果保持正常状态，说明其人对你提出的观点既不赞成，也不反对，保持中立的态度。这类人可能老谋深算，城府极深，要想说服他，就必须要说出有利于他的条件。

斜偏着头

一般来说，当我们对某件事或某个人感兴趣，或者对某一观点表示赞同时，会有这样的动作，还会伴随着不断地点头。因此，当别人在对你说话时，你只需要斜着头点头微笑，就会使对方有亲切的感觉，愿意继续与你交谈下去。

向下低头

这种头部动作意味着否定。比如，你向领导汇报工作时，如果他听到一半就低下了头，一定是对你的工作不太满意，不愿意再继续听下去。这时，你就应该知趣地停下来，主动将工作完善。另外，当收到批评时，人们也会下意识地低下头，表达歉疚。

双手在脑后托头

这类大多姿势常被认为是成功人士的专利。在社交场合，像会计师、律师、业务经理等，一些自信又有优越感的人，常常做出这种姿势。

不断点头

点头大多表示答应、同意、理解和鼓励。当听某人讲话时，只需要向他点点头，笑一笑，就能给对方留下很好的印象。但是，如果这个动作做得过于频繁，就会给人留下敷衍的感觉。

头向后仰

这个动作代表着骄傲或自信。但通常情况下，会给人留下不好的印象。比如影视剧里的势利小人，面对不如他的人会经常做出头向后仰，鼻孔朝天的姿势。生活中，一个人若把头部向后仰，其情绪变化大概是从沾沾自喜到自命不凡，再到自认优越。基本上，这种动作会让人觉得是在挑衅，因此，要尽量少用。

头部突然上扬

如果是不熟悉的人，头部上扬代表吃惊。如果是熟悉的场合，则表示当事人猛然醒悟，突然明白过来。一般来说，商务交往中，这类动作会给人留下不稳重、不值得信赖的感觉。这样的身体语言也是非常不受欢迎的。

头部突然低下

可以隐藏脸部，表明当事人是谦卑和害羞的。但如果放在竞争场合，把头低下，则表示当事人承受不了再多的压力，希望能早点结束争辩。

头部属于人体的"司令部"，最先给我们传达他人的内心语言，的确不能忽略。

眼睛传达出的内心世界

常言道，眼睛是心灵的窗户，也是最能准确表达人的情感和内心活动的。一个人心性善恶，行为正邪，为人忠奸，都能通过眼睛反映出来。所以，心理学家认为，要想走进别人的内心世界，首先要看的，就是他的眼睛。

不断眨眼

说话时不断眨眼，说明一边讲话，一边还在考虑别的事情。听话时不断眨眼，则表明他对你所说的话没有一点兴趣，但又不好拒绝，所以装出一副在听的样子，实则心思不在焉。

瞪大眼睛

说明他对你说的话很感兴趣，在认真倾听，脑子里也进行着积极思考。如果眼睛圆瞪，嘴巴大张，则说明你的某些话让他很吃惊，有点不敢相信。这时，你需要做出更明确的说明，或者进一步详细的解释，才会令对方接受。

斜眸一瞥

喜欢拿眼睛瞥人的人一般都内向害羞。如果这种行为伴随着微笑，就是在告诉别人："我对你感兴趣！"但如果伴随的是撇嘴、眉毛下垂，则表示当事人发出的是一种怀疑、轻视、敌意或者批评的信号。

挤眼睛

即用一只眼睛向对方使眼色。这表示两人之间有某种默契，所传达的信息是："这个事情我们俩知道就行了。"他们中间若是存在着第三者，则会让其产生被疏远被孤立的感觉。如果这样的交谈发生在两个陌生人之间，则表示他们对某件事有着共同的看法，代表一种强烈的认同。

通常人们认为眼睛细节能反映内心的不同状况：

1.眼睛闪闪发光，表明其人精力充沛，对谈话很感兴趣；

2.目光呆滞暗淡，表明这是个没有斗志，没有信心；

3.目光飘忽不定，表明其做人做事三心二意，或者拿不定主意，抑或处于紧张不安的状态；

4.目光忽明忽暗，表明其人工于心计，如果此时他正与人谈话，则表示已经听得不耐烦了，希望早点结束交谈；

5.目光炯炯有神，表明其为人正直，有胆识有魄力，值得信赖；

6.主动与人交换视线，则说明其心地坦率，是个直来直去的人；

7.不敢正视或总是回避别人视线，表明此人内心紧张不安，或者言不由衷，有所隐藏；

8.双目安详沉稳，表明其内心沉稳有主见；

9.双目敏锐犀利，表明其野心勃勃，好胜心强，内藏杀机，锋芒外露，是个有胆识之人；

10.目光游移不定，这类人多半是奸佞小人，应当远离；

11.眼睛清澈澄明，表明其人单纯、豁达，是个值得交往的人；

12.目光浑浊昏暗，表明其性格粗鲁，个性愚笨，为人猥琐、庸俗；

13.两眼似睡非睡，似醒非醒，这是一种老谋深算的眼神，说明其人城府极深，善于图巧，又害怕别人看清他的内心世界。

总之，在人际交往中，我们不仅要听懂语言表达的意思，还要"听懂"眼睛所说的"话"，才能在交往中占据主动和有利地位。

2

Chapter 2

音容笑貌有"玄机"

读懂他人的眼神

很多说谎的人都会避免与别人眼神接触；人们表达爱意的时候，会深情注视着对方的眼睛……可以说，一个人内心的秘密，全部写在眼神里。要想读懂他人，就一定要识别其眼神。

古代人说看人要看"精气神儿"，其实这个神就是指的眼神。成功的社交离不开对人的察言观色，任何时候都识别用脸色的变化来调整进退。而脸上变化最具特点的就是眼神儿。所以，识别别人的心思，最重要的是会识别他人的眼神儿。

如果一个人眼神沉静，说明其对你着急的问题已然胸有成竹，稳操胜券，只是因为某种原因，他不便明说。所以，这个时候就不要多问，静候他行动即可。

如果一个人眼神散乱，说明他对你的问题也是毫无办法，向他请教是没有任何用处的，不如平心静气，另外想办法应付。

如果一个人眼神横着瞥过来，仿佛带刺，说明其态度异常冷淡。如果有所求，不如暂时搁置下来，退而研究其冷淡的原因，先修复感情，再谋求帮助。

如果一个人眼神阴沉，则说明他为人凶狠，跟这样的人打交道，一定要万分小心。

如果一个人眼神流动频繁，说明他是个胸怀诡计、城府极深之人。遇到这样的人，一定不要过分相信他所说的话，尤其是好听的话，也许这就是鱼钩上的饵，需要格外小心，步步为营。

如果一个人眼神呆滞，则说明他是个愚钝之人，为人胆小懦弱，思维缓慢。遇到问题时，千万不可问他。必要时，只要给其一点点拨，就会获得对方的无尽感激。

如果一个人眼神犀利异常，则表示他正处于愤怒之中，有一点点火星，就会马上爆发。这时，万不可跟他较劲儿，而是适当妥协，谋求转机。

如果一个人眼神恬静，且面带笑意，这说明他对某事或某人特别满意。想讨对方喜欢，不妨多说几句恭维话。如果对其有所求，这也是一个很好的开口机会。

如果一个人眼神游移不定，则表示他对你的话已经感到了不耐烦，再说下去会让他越来越厌烦。所以，应该赶紧停下来，或告辞，或寻找新话题，谈点对方爱听的事儿。

如果一个人眼神凝视着你，很可能他对你的话特别感兴趣，迫不及待想要听下去。这时，你所说的一切，他必然会很乐意接受。

如果一个人眼神下垂，说明可能触碰到了他痛苦的回忆，所以，要就此打住。

如果一个人眼角上扬，很可能是他不屑听你的话。不要妄想用充分的理由和高超的技巧说服他，他已经识破你的小心思，会因此更不屑一顾，还不如戛然而止，另寻机会再谈。

总之，眼神有的呆滞，有的灵动，有的阴沉，有的明净，有的犀利，有的平和，仔细参悟之后，必能发现一个人真实的内心状态。

笑容的秘密

未曾开口人先笑。笑通常被认为是表示友好的信号。但是，心理学家发现，笑容有很多种，真诚的笑、开心大笑、掩口而笑、假笑等等。这是由人的性格以及不同心理状态所决定的。

笑通常被认为是表达喜悦和友好的信号。不过，心理学家研究发现：笑还能反映一个人的内心世界，作为一种沟通方式存在。例如，苦笑不是真笑，而是苦闷心理的发泄；微笑能让人际关系更和谐。笑的方式有很多种，隐藏在这些笑容背后，究竟都有什么样的秘密呢？马上就为您揭晓答案。

经常捧腹大笑

这类人大多爽直开朗，不会掩饰自己的感情，想哭就哭想笑就笑，活得很自在。他们富有幽默感，跟他们交往，会很放松。他们还很有爱心，总会热心帮助需要帮助的人。他们不会嫌贫爱富，更不会嫉妒比自己强的人，所以，很值得交往。

窃窃而笑

这类人大多性格保守，为人处世小心内敛，与人交往时，表现得有点羞怯。他们对别人的要求很高，如果别人做不到，就难讨其喜欢。不过，一旦有人满足了他们的要求，他们就会将这人视为好朋友，能与其患难与共。

附和别人而笑

这类人性格随和，乐观开朗，热爱生活，人缘一般都不错。遇事从不着急，喜欢顺其自然。他们对生活没有太多的要求，自己也没有什么大志向，每一天过得平平淡淡，开开心心就好。

掩口而笑

这类人大多性格内向，与人交往时比较害羞。如果是女性，则不会主动与人打交道，也不会轻易吐露心声。如果是男性，则多有些娘娘腔，在现实生活中显得格格不入。

笑中带泪

肆意大笑，以至于眼泪都出来了。这类人感情比较丰富，富有同情心，常向别人伸出援手而不求回报。他们热爱生活，对任何事情都保持着热情，能够积极进取。

笑声干涩

他们笑起来若断若续，略带冷漠。这种人在生意场上比较多见，大多比较现实和实际，有敏锐的观察力，能够通过细节窥视别人的内心，捏住别人的软肋。他们对人也很冷淡，只考虑自己的利益，一旦对方没有利用价值，就不再热情。

笑声柔和

和其笑声一样，这类人个性温柔敦厚，不喜欢与人争执，处处谦让。并且，他们一般都深明事理，凡事都能看得开，为别人着想，因此能得到别人的尊重和爱戴。他们还善于处理人事纠纷，帮助安抚当事人情绪，能做到公平公正，让双方都心服口服。

在生活中，我们能听各种笑声。懂得了隐藏在笑容背后的性格秘密，就能听声识人，提前知道他们的性格和内心想法。

额头透露出个性

我们经常说，人不可貌相。可在现实生活中，几乎每个人都在"貌相"。人们几乎都愿意跟相貌端庄的人交朋友，而看到相貌丑陋的人，会心生厌恶。其实，人们的这种心理也不是完全错误，一个人的性格，在外貌上的确有所反映。下面，我们就说说几种不一样的额头，所能反映出的人的个性。

宽额头

这样的人聪明智慧，智商很高。他们很有才气，却也稍显轻佻，不擅长自我控制，感情容易泛滥。他们个性冷静，能准确地下判断。额头宽而高的人，自尊心会很强，相对来说，一旦有所成就，也容易骄傲自大。他们比较心软，缺乏狠劲儿，一般在学术领域比较有造诣，不适合竞争环境。

窄额头

这类人心思并不敏锐，却是勤勤恳恳、踏踏实实的老实人。他们待人和善，很容易相处。缺点就是，不够坚韧，常因一点小挫折就轻易放弃。而且，在个性上稍显幼稚，感情易冲动，甚至有些蛮不讲理，非常任性。

发际线凌乱不整

不管什么形状的额头，只要发际线凌乱，就容易让人产生此人不牢靠的印象，对其生厌。其实，这类人口才极佳，也擅长交际应酬。但是，因为有冷漠、自私的一面，人们往往不愿意跟他们建立亲密关系。

圆额头

这类人可以说是可爱型的，总是带着浓浓的孩子气，待人恭谦有礼。但是，往往缺乏决断力，做事没有主见。如果是男生，会被形容为"娘娘腔"；如果是女生，往往会特别有人缘，招人喜爱。

美人尖额头

这类人具有温柔体贴的特质，无论对朋友、家人还是爱人，从来不会大声说话，善于为他人着想，能很好地照顾家人的生活。若是女生，会被誉为"女人味十足"；若是男性，则欠缺点男子汉气概。缺点是，他们缺乏判断力和执行力，办事情不够干练，总是拖拖拉拉。而且，意志也稍显薄弱，有时候会很任性。

角型额头

这样的人一般脸型瘦长，额头较尖。这类人性格刚强，男性会很有阳刚之气，女性则显得不够温柔。他们很有个性，有主见，一般不会轻易被说服。而且，还有很强的正义感，敢于与不平之事做斗争。他们头脑冷静，具有行动力，办事不会冲动，因此也出不了大差错。

外突型额头

多半见于男性之中，女性很少有这样的额头。他们属于认真而固执的一类人，对自己的看法会非常坚持，而且具备贯彻到底的信念。所以，稍微欠缺点灵活，在人际关系上，失多于得。

M型额头

也是男性额头的一种。这类人理智而且干练，做事讲究干净利落，否则就不能顺心如意。他们爱跟人讲大道理，脾气也比较顽固。比较适合埋头做研究，或者做创作型的工作。

鼻子和性格息息相关

鼻子作为呼吸器官，在人体中起到了重要作用。但是，近来人们发现，不同类型的鼻子能够反映出人们不同的个性和心理，甚至有人说，如果鼻子形状改变了，性格也会跟着改变。

弗洛伊德在《人体美学》一书中说："鼻子细而尖，一定脾气不好；鼻子长而薄，为人轻浮；狮子鼻的人，容易上当；鹰钩鼻的人，绝不肯吃亏……"他的这一番言论一出，人们议论纷纷。到了亚里士多德的时候，很多人开始相信鼻子和性格息息相关。

长而直挺的鼻子

这类人才华出众，富有美感，品位很高，对艺术有很好的理解能力。他们是理想主义者，有洁癖，对自己非常有信心，有时会骄傲自大。同时，他们喜爱孤独，缺少社交性格，因此，并不能得到周围人的喜欢。

短而矮小的鼻子

这类人性格开朗，但是意志力不是十分坚定，性情比较懒散，缺乏改变生活的勇气。如果失败了，就很难再重新振作。他们容易受他人影响，是一种比较容易被说服的人。

凹陷型的鼻子

凹陷型鼻子是指鼻梁不够高耸，就是我们平常所说的塌鼻子。这种鼻型的人多半性格开朗，喜欢与人交往，即便是对陌生人，都能很快亲近。

直线型的鼻子

这种鼻型成一条直线，不是很矮小，也并不十分高耸，外观看起来比较舒服。这类人头脑清晰，在工作和事业上大都能够一帆风顺，也很有异性缘。同时，这类人做起事来，事无巨细，太过计较小细节，而且也比较自私，为自己考虑的多，为别人考虑的少。

鹰钩鼻

鼻子的形状像鹰嘴一样，鼻尖向下垂成钩状。这类人往往缺少人情味。虽然寿命颇长，但年老后的生活会很孤独凄凉。

断层鼻

鼻梁中间呈断层状。这类人多半性格顽固不化，而且具有强烈的攻击性。在人际关系上，不懂得协调，更是从来不会退让。他们常常会因为个性的原因得罪人，不太受大家欢迎。

袋鼻

鼻子高，鼻梁略带弧形，鼻头则下垂成钩状，鼻翼厚而不露孔。有这种鼻型的人，有强烈的金钱欲望。为了钱，他们可以抛弃一切，地位、名誉甚至人情道义，即便被人唾骂也在所不惜。

眉毛能传递心声

眼睛和眉毛像双胞胎一样，是互生的。眼睛可以"传情"，眉毛同样也可以表达一个人的心声。随着人们心情的变化，眉毛的形状也会或紧锁、或舒展，发生变化。

有一个成语叫"眉目传情"，原本是指男女之间表达爱意的说法。但同时也能说明，眉毛是能传递人的心声的。

扬眉

俗话说"扬眉吐气"，是说当人们某种压抑感得以释放的时候，眉毛就会向上扬起，抒发胜利后的喜悦心情。所以，一般情况下扬眉通常表示得意、高兴等情绪。

不过，如果一个人经常做出单眉上扬的动作，则表明他性格傲慢，对别人爱理不理。

同时，极度惊讶或者极度惊喜的状态下，人们的双眉也会随着眼睛地睁大高高扬起。

皱眉

一般情况下，人们会在两种情况下皱起眉毛。一是，当遇到突然的强光，或者面临外界攻击时，会下意识地把眉毛皱起来保护眼睛，抵抗攻击。

另一种，当一个人面临难题，一时找不到解决的办法，也会情不自禁地皱起眉毛。

通常，皱眉表示厌烦、反感、不同意、防御等。

耸眉

该表情是将眉毛先扬起，停留片刻后下降，往往还伴随着嘴角下撇的动作。这表示一种不高兴但又无可奈何的心情。比如，遇到某个人找你的麻烦，无论怎么解释他都不听，接下来，你就会做出这种动作，表示不满又无可奈何的心情。

另外，对方在强调自己观点的时候，也往往会出现这种动作，目的是要让你赞同他的观点。

眉毛斜挑

斜挑是两条眉毛中的一条向下压低，另一条高高扬起，看起来就像一个大大的问号。这是产生怀疑心理时特有的神情。表示对方不相信你说的话，如果不抓紧时间解释，令对方释怀，恐怕会继续造成他对你的不信任，继而使人际关系变坏，或者某件事情办砸。

眉毛倒竖

通常将眉毛倒竖起来，说明此人的愤怒已经到了极点，接着可能发生的是一阵狂风暴雨似的脾气爆发。或者，正在发脾气的人，也常常会将眉毛竖起来。

眉毛紧锁

在古代诗词里，常见诗人用"紧锁峨眉"形容女子的愁苦。现实生活中也是一样，当一个人极度苦闷，又找不到方式排遣的时候，常常会紧锁眉头，一副愁容。另外，内心极度忧虑，遇事犹豫不决的时候，也常会做出这个动作。这时，他非常需要别人劝慰，如果你能主动去关心他，就如同雪中送炭，能得到他的友谊。

眉毛舒展

和紧锁眉毛相反，此时人的心情比较愉悦舒坦，一般是遇到高兴的事情，或者刚刚解决了一个难题，心里高兴，才会出现这样的眉形。这是比较适合提要求的时候，当他眉头舒展开之后，比平时更容易答应别人的要求。

眉毛虽然只是眼睛的附属，甚至有些人的眉毛变化不是很明显，但是和眼睛一样，作用非常大。它的一静一动，都会无形中透露说话人的心境。如果和眼睛一起来观察，更能准确判断出他人的心境。

嘴巴传递内心活动

在人的头部，嘴巴和嘴巴周围的肌肉异常发达，嘴巴也是最灵活的部位。吃东西需要用嘴，说话的时候要用嘴，高兴时张嘴大笑，生气时噘嘴，嘴巴或张或合、或紧或松，组成了丰富的动作。同时，也传递出人们此时此刻的内心活动。

微笑

嘴角向上，成一个弧形微微翘起。一般来说，这种动作表示精神愉悦，它是人真情实感的自然流露，包含着真诚、信服、友善、爱恋、喜悦、娇羞等情绪，让人感到身心舒服。

多微笑，哪怕是装出来的微笑，都是人际关系的润滑剂，能促进人际关系的和谐。

大笑

嘴部大张，甚至有点不顾形象。一般来说，这种动作代表极其开心，而且表示很信任对方，跟对方的关系很亲密，所以才不怕自己的形象受损。

在陌生人面前，人们很少有这个动作。一般都是在熟人面前，情绪处于极其放松的状态下，才会张开嘴大笑。

张圆嘴巴

嘴巴张成一个圆，相应的表情还有眼睛大睁、眉毛挑高。嘴部出现这种动作，可能是遇到或者听到什么不可思议的事情，感到非常震惊和诧异。

嘴巴抿成"一"字形

做这个动作的人可能正面临着紧急的事态，或者需要很快做出人生的某个重大决定。抿嘴的动作，表示他们已经下好某个决定，但是感到压力很大，会不自觉地做此动作，来给自己打气，给自己信心。如果一个人常做这样的动作，则说明他性格倔强，遇到困难不会临阵退缩，所以获得成功的可能性更大。

牙齿咬住嘴唇

交谈的时候，对方用下牙齿咬住上嘴唇，或者用上牙齿咬住下嘴唇，表明他们正在认真聆听你的谈话，同时在心中仔细揣摩话中的含义。如果是在谈判桌上，这种动作表示他对你的产品很感兴趣，或者比较认可你提出的条件。接下来，不用费多大力气，就能很轻松地说服对方。

嘴唇歪斜

说明这个人内心焦虑不安，可能是遇到了比较大的麻烦，或者身处困境之中。比如，在等待交警处理问题的司机脸上，就会看到这种嘴形。

另外，还有一些嘴部动作很迅速，动作幅度很小，稍不留意，我们就会错过。

嘴唇向前撇

嘴唇微微向前突出，好像�’嘴的样子，但幅度很小。这表明他对接收到的外界信息持不相信、不确定的态度，希望能得到肯定回答，或者更详细的解释。

嘴唇往前嘟起

比嘴唇向前撇的动作更往前突点，变成了嘟起。这表明此人的心理可能正处于某种防御状态，并试图说话。这时，任凭你说什么，他都不可能相信，不如给他一次说话的机会，事情可能会出现转机。

通常，嘴巴所传出来的内心信息，是比较容易观察到，也比较容易理解的。不过，如果单独观察嘴巴，不一定十分准确，还需要配合面部其他动作来做最后的判断。

牙齿透出情绪和性格

你的牙齿整齐吗？不要小看被我们隐藏起来的牙齿，它除了能帮助我们咀嚼食物，还能无意中透出一个人的情绪和性格！

小牙齿

小牙齿的人性格温顺冷静，有超强的忍耐力。而且，感情丰富，喜欢帮助人，人缘颇佳。他们的逻辑思维能力很好，做事按部就班，细致认真。但是，他们比较敏感，甚至有些神经质，常常过于拘泥细节。

大牙齿

大牙齿的人体力也较好，富有朝气，性格粗犷，行为大胆。但是他们做事不够细心，容易出错。他们善于思考，为人诚实，并热爱自己的工作。在性格方面，这类人比较自私，欲望很强。

牙齿排列整齐

牙齿疏密有序，排列整齐，这样的人很传统，喜欢按部就班的生活，不喜欢改变。他们做事认真负责，不紧不慢，充满了责任感，总能勇敢、理智地面对问题，有很高的声望。

龅牙

这类人大多心直口快，说话往往脱口而出，常得罪人。个性上固执己见，以自我为中心，会为了得到大家注意，做出一些出格的事情。因为个性固执，与亲人、朋友的关系也都不是很好。

牙齿内倾

就是上下两排牙齿都向内倾斜，这类人对新鲜事物的接受能力强，常提出大胆的想法和创意，事事喜欢标新立异，比较适合搞策划工作。他们追求与众不同的举止，并以此为荣。缺点是，报复心很强。

牙齿稀疏的人

虽然牙齿比较稀疏，但身体状况不错。这类人个性开朗乐观，直来直去，没有心机。他们为人诚实，待人也十分真诚。缺点是，不会替人保密。因此，不想让别人知道的事情，千万不能告诉他们。

叠齿

就是出现相邻两颗牙齿，一前一后交叉叠在一起的情况。这类人自信心很强，个人能力也十分突出，对工作总是能够得心应手，做得特别好。正因为如此，他们容易产生自负心理，嫉妒心也很强，有时候会骄纵任性，所以，知心朋友不多。

牙齿虽小，但其用处不小，不但能帮我们咀嚼食物，还展示了一个人的个性与情绪，我们尤其不能忽略。

看面部表情判断是否说谎

人们说谎时，虽然可以说得天衣无缝。但是，这并不是说，别人因此就会被蒙骗。说谎者的面部表情会出卖他，语言可以控制，但面部表情是很难控制的。判断一个人是不是在说谎，看他的面部表情即可。

他是不是在说谎？很多时候，光听语言是听不出来的。说的比唱的好听的人靠不住，大家公认的"老实人"也有说谎的时候。那么该如何判断一个人是不是在说谎呢？第一时间要做的应该是——看面部表情。

说谎的人，会刻意控制自己的语言和面部表情。一般来说，这是交谈双方特别在意的两个方面。但是，掩饰言辞很容易，只要事先准备好就行了，而隐藏面部表情，却不是一件容易的事儿。

慢半拍的面部表情

一般来说，当一个人说谎时，会尽量微笑、点头、眨眼睛，他们试图以此掩盖自己的内心活动。但是，心理研究表明，我们的脸部特征很难完全被控制。在说谎时，整个脸部会出现短暂的凝固，这个过程大概会持续2~3秒。

如果你够细心，会发现很多说谎的人都存在以下类似情况。

场景一：

一位喜剧演员做客一个谈话节目，在现场为大家讲了一个小笑话。主持人听完后哈哈大笑，说："这个笑话真是太好笑了。"

场景二：

一位喜剧演员做客一个谈话节目，在现场为大家讲了一个小笑话。主持人听完后，说："这个笑话真是太好笑了。"然后笑了出来。

那么，你觉得上面哪个场景表达了主持人真正的想法呢？没错，当然是第一个。第二个场景中，只是敷衍嘉宾而已。

这就是说，如果并不是出于真心，有些表情看上去明显是后补的，不仅慢半拍，还很机械僵硬。比如，一个推销员上门，当你问他"能否保修一年"时，如果他先点头，再说"是"，说的就是真话。如果他先回答你："嗯……有的，你放心。"然后才点头，你就该怀疑他话的真假了。

触摸鼻子可能是掩饰谎言

人们在说谎时会产生压力，这会引起鼻腔内细胞肿胀和血压上升，鼻子有种刺痒的感觉。于是，人们只能频繁触摸鼻子，缓解这种症状。所以说，看到一个人说话时频繁地摸鼻子，就不要轻易相信他的话。

美剧《别对我撒谎》的第十一集，就有撒谎掩饰姿态：用手指在鼻翼处蹭了一下。

一位妻子看完这个剧之后，就偷偷观察分析老公跟她说话时的语气、动作、表情，想探究他是不是在对自己说谎。

一个周五，老公打电话说要加班，但是说话时犹犹豫豫的。她知道他在撒谎，可是她想知道老公瞒着她在做什么。于是，她假装答应，随后到他公司楼下等，偷偷跟踪他。结果，妻子发现，老公下班后就跟一群"狐朋狗友"聚会去了。

晚上回到家，妻子假装什么都不知道，拉住他的手问："今天是不是很辛苦？工作完成了吗？"老公摸了摸自己的鼻子，说："我努力工作都是为了让你过上更好的生活，不辛苦。"

人们摸鼻子，通常是在说谎。原因是什么呢？美国芝加哥的嗅觉和味觉治疗与研究基金会的科学家也许能给我们答案。

他们研究发现，当人们撒谎时，一种名为儿茶酚胺的化学物质就会被释放出来，并引起鼻腔内部的细胞肿胀。科学家们还通过可以显示内部血流量的特殊成像仪器，揭示出血压也会因为撒谎而上升。这项技术显示，人们的鼻子在撒谎过程中会因为血流量上升而血压增强。血压增强导致鼻腔血管膨胀，从而引发鼻腔的神经末梢传送出刺痒的感觉，于是，人们只能频繁地用手摸鼻子，以缓解发痒的症状。

这就是著名的"皮诺基奥效应"。

尽管人们无法看到鼻腔血管膨胀的样子，但能看到撒谎者触摸鼻子这一手势，可以很轻松地认定，他是在撒谎。

撒谎时，摸触鼻子的手势一般是用手在鼻子下沿的地方很快地擦几下，有时甚至只是略微轻触，几乎难以察觉。女性在做这个手势时，比男性的动作幅度更小些。

当然，不一定所有摸鼻子的动作都说明他在说谎。当一个人处于焦虑不安或者愤怒的情绪中时，他的鼻腔血管也会膨胀，也会出现触摸鼻子的动作。甚至有时候人们做出这个动作，只是因为感冒，或者花粉过敏，或者在抹鼻子上的脏东西。

鉴定他人是否在说谎，还需要结合其他迹象来进行解读。比如说，因为说谎要临时组织语言，会出现说话吞吞吐吐的现象；有的人会出现停顿、皱眉的动作；还有的人会脸红，等等。只要认真观察，这些小细节是不会逃过我们的眼睛的，判断他人是否在说谎也会变得十分轻松。

从眨眼频率判断是否在撒谎

眨眼睛可以有效避免直接接触别人的目光。对说谎的人来说，这是掩盖谎言最好的办法。当你看到一个人频繁地眨眼睛，很可能是他在躲避你的眼神儿，也就是说，他在对你撒谎！

下班前，主管吩咐秘书写一份重要的报告。可是，因为这天是秘书的生日，在和朋友们庆祝完之后，她竟然将这份重要的工作忘了。第二天，主管要这份报告时，秘书在包里翻来翻去，最后假装着急地说："哎呀，我保存文件的U盘忘记带了。"

主管一听，就知道秘书在睁眼说瞎话。因为，秘书根本就没有U盘，前几天还跟他申请要买一个呢。而且，他发现，秘书在说话时，一直在用比平时快的频率不停地眨眼睛。

心理学家研究表明，人的正常眨眼次数是每分钟30～50次，当人感到重压，内心难以承受时，眨眼次数明显会增多。而人在撒谎时，心理压力会不自觉地增加，所以，眨眼的频率就会加快。由此，主管肯定地判断出，秘书是在撒谎。

另外，快速地眨眼，还能避免与对方的目光直接对视。人们在撒谎的时候，会心虚，不敢正视对方的眼睛，生怕对方看穿自己内心的恐慌。可是，如果将头偏过去，动作太过明显，会被对方看穿。而快速眨眼睛，就能不动声色地躲避过对方的眼神。

在电影或电视剧里，我们常会看到这样的镜头：

在生活中，我们通过观察也会发现，一个人在酝酿谎言、说出谎言之后，都会有眨眼睛、低下头等不自然的动作。比如，老师问学生为什么没做完作业，他可能会先低下头想一想，或者眨巴几下眼睛，然后再编个能被原谅的理由，妄图逃避惩罚。

不停眨眼代表着心虚。

但是，不是所有的眨眼睛都意味着说谎。如果一个人在你面前刻意延长了眨眼睛的时间，那只是说明，他对你的话不感兴趣，希望交谈早点结束。如果，他的眼睛闭上两三秒再睁开，则说明他真的不能忍受这样无聊的交谈，希望你快点从他眼前消失。这时，你就需要调整一下说话内容，或者干脆直接走开。

只有当眨眼睛的频率高于平时的频率，才说明当事人是在撒谎。所以，我们在观察时，一定要区分清楚，不能冤枉了好人。

摸耳朵可能是言不由衷

生活中，当我们不同意别人的意见时，习惯用手摸摸耳朵。这其实是通过肢体语言告诉对方你真实的内心想法。所以，说话的时候加上这个动作，很可能是说话人言不由衷的表现。

妈妈："小明，你的袜子又乱扔，不知道放到柜子收好吗？作业有没有做完？别看电视了，天天就知道玩儿，怪不得上次考试考得那么差……"

小明听到妈妈的唠叨，赶快捂住耳朵，做出一副痛苦的表情："妈妈，求求你别再说了。"

生活中，这样的场景很常见。捂住耳朵，说明他是不想听到你的声音。而在成人世界里，他们不会捂住耳朵，只会抓挠耳朵的不同部位，来表达不同的情绪和内心想法。

摩擦耳廓背后

这代表他不同意说话人的观点，或者想要发表不同的意见。比如，一位售货员不停地向顾客介绍商品的好处。顾客只看了一眼，然后下意识地用手指摸摸耳廓背后，接下来一定会说："我再考虑一下。"这表示他不喜欢售货员推荐的商品，所以，摸摸耳朵，不愿意再听他说下去。

在日常工作、生活中，如果你正发表意见，对方侧着头摸了摸耳朵，这代表对方意思和你相反，而且急于表达。这时，你就应该停下来，听听对方的意见，交流才会有效果。

不停地抓挠耳垂、耳背

这代表一种焦虑的情绪，说明当事人一定是遇到解决不了的困难需要帮助。

晓云是一个非常细心的人，总能观察出周围人的动作变化，并解读其中的意思。一次，她看见同事卢冲不停地抓挠耳背，于是走过去问是否需要帮助。原来，卢冲遇到了一个程序问题，怎么都调试不出想要的结果。晓云及时伸出援手，帮他解决了问题，同时，也得到了卢冲的万分感激。

人们在着急、焦虑时，就会通过不停挠耳朵，释放内心的压力。如果你能看出其中端倪，主动帮助对方渡过难关，会大大拉近和对方的距离。

用指尖掏耳朵

生活中会有这样的场景：一个人滔滔不绝地在讲话，听的人似乎心不在焉，不停用指尖掏耳朵。

这个动作表示，他对你所说的一切很不屑！而且，对说话人也很不尊重。这时候，就不要自顾自地说下去了，可以问一问对方："您对这件事情有什么高明的看法吗？"或者如果对方是长辈，就考虑转换他感兴趣的话题。

用手或耳廓遮住耳洞

这跟孩子捂住耳朵是一个意思，他们在直接阻止不愿意听到的话进入耳朵，表示的意思是："我不想听你再说下去了！"同时，脸部会出现不耐烦的表情。

比如电影里，女主人公是个话痨，看电视的时候，常对着下班回家的丈夫东家长西家短地唠叨个没完，男主人公只好用手堵住耳洞，这样，就只看见妻子的嘴一张一合，听不见唠叨声了。

用手遮住嘴巴传达出什么信号

当人们说出了不该说的话，会下意识地捂住嘴巴表示懊悔，或者防止自己再继续说下去。这是一种下意识的动作，最能表达其真实的想法。所以，不要去相信他后面说的话，很可能是谎言。

在平时的交谈中，我们也许会发现一个现象，就是说话人在说完某一句话时，会突然捂住嘴。这说明了说话人的什么心理呢？我们一起来看看。

不该让他知道这个秘密

陈佩斯和朱时茂的小品《警察与小偷》里，有这样一个情景：陈佩斯扮演的小偷在巷子口替正在干坏事儿同伴望风，恰巧遇到朱时茂扮演的警察巡视。

朱时茂问："你在这儿干什么？"

陈佩斯回答："我在望风儿。"

他意识到自己说漏了，紧接着用手捂了一下嘴，改口说："啊，不，我在放风儿。"

陈佩斯为什么会下意识地捂住了嘴呢？其实，他心里是在想："这个秘密不能让他知道！"

当你和别人交谈时，如果对方话说到一半，或者刚开了个头，就下意识地捂住了嘴巴，这可能是对方不愿意告诉你这件事情，但是毫无防备地说了半截。

这种情况下，我们不要相信他捂住嘴巴之后所说的话，那很可能是他临时编的谎言。只有他捂住嘴巴之前，不经意间说出的话，才是可信的。

并且，无论对方说了什么，无论这个秘密多么让你惊讶，你都要装作不感兴趣的样子，这样才会让对方安心些，接下来和你的交谈也会更顺畅些。否则，他可能会陷入说漏嘴的懊悔中，不再认真地和你进行交流，使谈话毫无意义。

不能让他看出我撒了谎

员工小王想看一眼发工资的单子，于是趁没人的时候，偷偷溜进了人事部的办公室。当他看完正要出门的时候，碰到外出办事回来的同事。

"你怎么会在这儿？有什么事吗？"

小王遮住嘴巴，轻咳了一声："啊，没什么，我来找小李，刚好他不在。"

心理学家告诉我们，在和别人交谈时，如果对方突然遮上了嘴巴，那么大多是因为说了谎。他试图通过捂住自己的嘴巴，来掩饰自己说出的那些谎话，或者遮挡说谎的痕迹。为了表现得更自然点，有些人还会像案例中的小王一样，在遮上嘴巴的同时，假装咳嗽来掩饰。

也就是说，用手遮住嘴巴，有可能是说了谎话，想掩饰自己的心虚。

比如，班会上，教室内一片安静，老师讲完话，问班长有没有事情要说。他摇摇头，说"没有"，手却不自觉地遮住了嘴。这时，他很可能在撒谎，可能顾虑该不该当着全班同学的面把某个问题说出来。

而且，他的嘴巴很可能是紧闭的，或者上嘴唇咬着下嘴唇。这表明，他的心里在纠结："到底是该说呢，还是不该说。"

遮住嘴巴就是在告诫自己，代表的是"不能让自己陷于危险中"或者"不能得罪人"的心理；蕴含的潜台词是"不要让他看出我在说谎"，"不能让他知道这个秘密"。

说话模式泄漏说谎秘密

当一个人说谎的时候，为了不让对方看出破绽，他会在谈话过程中十分注意。所以，如果仔细听，会发现他说话的模式和常人不同。

说谎的人记忆力都很好

警察审问一个犯罪嫌疑人。

警察："你还记得3月18号晚上10点钟，你在做什么吗？"

嫌疑人："哦，那天我吃完晚饭，躺在床上看电视。我还记得当时看的是五频道，我最喜欢的足球节目。"

警察："你那天晚饭吃的什么？"

嫌疑人："我那天晚饭吃了一份芝士比萨，还喝了一杯啤酒。"

警察："这可是一个月前的事儿了，既然你记得这么清楚，那请问那天你穿的什么衣服？想好了再回答，因为我们有当天你走进公寓时的监控录像！"

"这个……我真的忘了，我……"嫌疑人头上开始冒冷汗。警察把这一切都看在眼里，后来经过审问，他果真就是那个抢劫犯。

当问到某个具体信息时，说谎的人一定会做出解答，而不会说不知道，因为他们害怕引起别人的怀疑。例如，这个抢劫犯，为了让警察相信他一直在家，特意说出了看了什么电视，吃了什么饭等具体信息。记忆力这么好的他，偏偏忘记了自己穿什么衣服！其实对大多数人来说，不要说一个月之前，恐怕一周之前某天做了什么，他都无法记得。

说谎的人不会把事情描述得很详细

丈夫一晚上没回来，第二天，妻子问他："你昨天晚上是不是又赌钱去了？"丈夫有些慌张，说："不是。我跟朋友们喝酒去了。"妻子接着问："是吗？都是哪些朋友？去哪儿喝的酒啊？"丈夫："就是关系不错的那几个朋友，去老地方喝酒了。"

很显然，妻子不会相信丈夫模模糊糊的回答。当一个人说谎的时候，他是心虚的，他害怕给出的信息越多，漏洞就越大。所以，当妻子问到具体的人时，丈夫不敢多说，害怕会穿帮。说谎的人，经不起追问细节，如果有怀疑，只要多问几句，就会知晓答案。

故意提供更多信息

警察审问犯罪嫌疑人的案例中，我们发现，当警察问抢劫犯他吃过晚饭做什么的时候，他说自己在看电视，而且还主动报出了节目内容。这就是典型的说谎方式之一！

说谎的人是心虚的，他害怕被看穿，所以，为了取信于人，会对自己的谎言加以更详细的描述。跟前面的区别是，他是不打自招，主动说出来，并且因为是早已在心里编造好的谎言，说出口的时候显得不假思索。

真诚的人不是这样，他们内心坦然，不会再去做多余的解释。

比如，女友打电话给男友，男友很长时间才接，女友问为什么这么晚才接听啊？如果没做坏事儿，男友一定很坦然地告诉她："哦，我在卫生间，没听见。"如果他啰唆很多："我在卫生间，水龙头开得很大，我的房子隔音效果太好了……"那他一定在说谎。

　　在谈话中，如果人说了谎，一定会有某些语言，或者说话方式表现得很刻意，只要我们认真观察、仔细体会，是可以找出破绽的。

微笑不都是真诚的

一般情况下，人们都认为微笑展示的是友好、开心，微笑在生活中很常见，上班会看到同事的微笑，吃饭时会看到服务员的微笑，坐公交车时，如果够幸运也能看到售票员的微笑……

你有没有想过，这些微笑之中有多少是发自内心的？所有的微笑都是真诚的吗？答案是：并不是所有的微笑都是真诚的！微笑的面孔之下，也可能掩盖着谎言！

小晴是一名新进员工，她很有责任心。来公司不久，就发现公司管理上存在着各种各样的问题。小晴鼓起勇气敲开主管办公室的门，给主管提出了许多改善公司内部情况的合理建议。听她一鼓作气说完之后，主管微笑着告诉她说："你的建议提得很好，我会和上级领导沟通讨论这些问题的。"

可是，过了很长时间，小晴提出的问题并没有得到改善。她百思不得其解，为什么主管觉得她提的意见有道理，却迟迟不给反馈呢？

法国科学家纪尧姆·杜胥内·德·波洛涅曾做过的一项研究，或许能告诉我们答案。

纪尧姆研究发现，人的笑容是由两套肌肉组织控制的。第一套肌肉组织是颧骨处肌肉，它能带动嘴巴微咧，双唇后扯，露出牙齿，面部提升，然后将笑容扯到眼角。我们可以自由控制颧骨处的肌肉，制造出虚假的笑容。

第二套肌肉组织在眼部，它可以收缩肌肉，使眼睛变小，眼角出现鱼尾纹。这部分肌肉不受我们意识的主动控制，它调动起的笑容，一般都是真心的笑。

小晴的主管在微笑时，眼角并没有出现鱼尾纹，也就是说，他并不同意小晴的建议。说那番话，只是不想打击小晴的积极性而已。

那么，什么样的微笑才是真诚的呢？

就在几天之后，员工董文也走进了那位主管的办公室，他为新产品制定了一份特别棒的宣传方案。

我们来看看那位主管的反应：

董文在演示宣传效果图，主管一边看一边点头，微笑从嘴角咧开，随着笑意越来越浓，眼角的鱼尾纹也越积越多。最后，当董文讲完之后，主管哈哈大笑，拍着他的肩膀说："做得不错，就按你的方案办！"

哪个微笑更真诚一些？很显然是对员工董文的微笑。

因为这个微笑出现了鱼尾纹。说明，他同时调动了嘴部和眼部两块肌肉，尤其是眼部肌肉，它不受我们意识的主动控制。也就是说，只有眼部出现鱼尾纹的笑容，才是发自内心的真诚的笑。

现在，我们应该清楚了，微笑掩盖不了谎言。如果微笑带动的只是嘴部肌肉的运动，那这个笑容就不是真心的，脸上的表情看起来会很僵硬。这时，无论他后面说什么话，最好还是分辨他的真假。

如果微笑时，不仅嘴巴张开，眼角的鱼尾纹也被挤了出来，表情看起来就会很自然。这样的微笑一定是真心的，他对你的话是赞同的，所以，也必然会对你说真心话。

撒谎者的目光也会坚定

我们都知道，撒谎时，人们会下意识地移开目光，避免与对方眼神接触。那么，是不是说，如果对方目光坚定地看着我们，一定代表着诚恳呢？恐怕未必！即使对方眼睛定定地看着你，他也有可能在说谎！

说谎时也会目光坚定

人们做过这样一个实验：他们找来一群人，将这群人分成两组，面对面坐下。然后，让一组人对另一组人说谎。并将室内所有说谎者的表情，一一录下来。最终结果非常令人吃惊！

实验中，只有大约30%的撒谎者将目光移开了，而另外70%的撒谎者，则目光坚定地看着对方。因为他们知道眼神儿的游移会让对方发现撒谎的秘密，所以为了避免被识破，他们刻意控制自己的眼神，盯着对方的眼睛。

实际上，我们在说谎过程中，或者说完谎之后，目光常常偏向一边；但是在说谎之前，目光通常会表现得十分坚定，一方面是在给自己信心，另一方面是为了不让他人怀疑。所以说，目光坚定不一定都代表诚恳。

区分谎言和真话

如何来区分目光坚定者是不是在说谎呢？

这就需要进一步看他的瞳孔。心理学家研究发现，人的心理活动与瞳孔变化关系非常密切。

张老师是位经验丰富的初三班主任，班上有几个学生非常调皮，可他们不敢对张老师撒谎，因为每次都会被看穿。

张老师的法宝就是，看他们的瞳孔。一次，王小蒙踢球砸到了另外一个人的眼睛，却撒谎说不是自己踢的。虽然，说这句话的时候，他理直气壮地盯着张老师的眼睛，可是，瞳孔却不自觉地放大。张老师当然不相信他的话，找了几个同学问过之后，确定没有冤枉他。

当一个人在撒谎的时候，会产生紧张情绪，在紧张情绪的刺激下，他的瞳孔就会放大，我们因此可以断定，他是在说谎。当然，并不是所有的瞳孔放大都代表着说谎，在恐惧、愤怒、欢喜等情况下也会如此，需要具体情况具体分析。

传递出诚意的目光

跟人交谈时，我们需要目光坚定地看着对方，但如果长时间定定地注视，有可能让对方觉得你太过做作，不可信。因此，要想不让别人产生误会，我们在目光坚定地看着对方的同时，也要配合其他的身体姿势。

比如，在听别人讲话时，如果对他的话很感兴趣，不妨多点几次头，鼓励他继续说下去；或者，露出真诚的微笑；或者，插入一些自己的看法，等等。这时，对方会感觉到你对他的友善和尊重。

如果是你在为别人讲述某事，为了使自己的话更可信，可首先进行眼神的交流，然后配合一些表示自信和肯定的动作。这会感染他人的情绪，让人对你的话坚信不疑。

总之，目光坚定者也有可能在说谎，我们只要看看他的瞳孔和其他的表情就知道了。另外，在跟人交流时，尽量避免定定地看着对方，还要配合其他的动作或语言，表达自己的诚意。

抓挠脖子也有可能是说谎

心理学家研究发现，人们在撒谎时，会感到紧张，大脑不自觉地指挥手触摸身体，起到保护自己和放松情绪的作用。这些动作包括握紧手、摸鼻子、摸耳朵、抓挠脖子等。

人们抓挠脖子，一般是用食指抓挠脖子的侧面或者耳垂下方的那块区域；女性的动作幅度更为小一些，通常用手指盖住脖子和胸相接的地方，解剖学上称为"胸骨上窝"。

美国联邦调查局前反间谍特工乔·纳瓦罗有一次调查一名持械通缉犯，前去他母亲家问话。其母亲知道儿子被通缉，显得有点紧张，但是面对盘问却对答如流。

"你儿子在家吗？"当纳瓦罗这么问她的时候，她把手放到胸骨上窝，说："不在。"纳瓦罗继续提问其他问题，几分钟后，又突然问道："有没有趁你不在，他偷偷藏在家里的可能？"母亲再次把手放到胸骨上窝，说自己不知道。

纳瓦罗察觉到她这个小动作，确信她在说谎。为了进一步证实，离开之前他又问了一句："你确定他真的不在家里吗？"结果，她又一次将手放在胸骨上窝，回答说不在。

纳瓦罗申请了搜查令，最后，在密室找到了他的儿子。

这位母亲三次说谎，三次用手抓挠脖子，身体语言供出了她儿子就藏在家里的事实。

当一个人说"我非常理解你的感受"，但同时他的食指在脖子上抓挠了五次以上，那么我们可以断定，实际上他在说谎！

自从梁雅洁的同事离职之后，她就一个人干两个人的活儿，成天忙得脚不沾地儿。过了两个月，她实在不能忍受了，找到主管领导诉苦，提出要求，要么加工资，要么重新招一个人。在听梁雅洁说完之后，领导表现出很同情的样子，抓挠着脖子说："你说的这些公司都看在眼里了，我们也承认你做的工作的确不少。这样吧，我会跟上级领导商讨解决这个问题的。"梁雅洁得到这样的保证后，依然努力地做两个人的工作。

可是，过了很长一段时间，梁雅洁的问题迟迟没有得到解决。她觉得很懊恼，为什么领导说话不算话呢？

其实，如果她懂得领导挠脖子意味着什么，就不会轻易相信他了！领导的手在抓挠脖子，他真正的实话是："我们可以理解你的感受，可是，公司暂时还没有招聘计划。"

在日常生活中，如果遇到总是说话抓挠脖子的人，那就别轻易相信他的话！理智的做法，应该是放弃跟这样口是心非的人交朋友，因为，他是永远不会拿真心对你的。

撒谎者会受到潜意识的支配

潜意识不受我们大脑的控制，它所起到的作用同样是不可忽视的。其实，人们在说谎时，先受到潜意识的支配，然后才受大脑控制。所以，哪怕是最高明的撒谎者，说谎时都会做出多余的小动作，露出马脚。

摇头前下意识地点头

林老板的客户欠下一大笔货款未支付，底下人几次去要货款，都被告知负责人不在。这次，林老板亲自出马。他问前台小姐："请问，你们的负责人马经理在吗？"前台小姐稍微迟疑了一下，然后非常肯定地摇摇头，告诉他："不在。"

林老板盯着她，说："你在说谎！"然后，径直往负责人马经理的办公室闯，果然见他正在办公室里打电话。

林老板是怎么知道前台小姐在说谎呢？因为他观察到，前台小姐迟疑之后，还有一个非常细微的点头动作，然后才是大幅度地摇头。这个下意识地点头动作出卖了她！

研究人员发现，很多说谎的人在摇头否定之前，都会做出下意识地点头动作。这个快速地点头动作，人脑很难控制，它告诉我们，对方摇头之后所说的话都是谎言！

睁大又缩小的眼睛

除了快速眨动，眼睛还有其他的动作能暴露出人说谎。

警察给被捕的毒贩一沓照片，让他辨认哪一个是同伙。他一张一张看过去，始终不肯说。但是，没关系，细心的警察已经从他的眼睛得到答案。

原来，当他看到同伙的照片时，他的眼睛突然睁大，然后瞳孔迅速收缩，把眼睛轻轻眯了一下。后来，经过审问，这个人的确也在贩卖毒品。

用心理学原理解释是，他看到同伙的照片，会突然变得紧张，出现瞳孔不自觉地放大，但他害怕别人看到他眼睛的变化，于是有意识地将眼睛眯起来。

其实，这恰好暴露了他内心所想。

咽唾沫的小动作

小周又迟到了，被经理逮了个正着，经理批评他说："听说你最近迷上打麻将，每天都熬到夜里两点，怎么样，手气一定不错吧？"

小周的喉结动了动，小声说："不是的经理，这几天我爱人身体不舒服，早上我得先照顾她。"

经理当然不信他的话，因为，听到了他咽唾沫的声音。

当一个人说谎时，内心的紧张，会让喉头有干痒和异样的感觉，这时，他会下意识地吞咽唾沫来缓解这种异样。

所以，单凭这一个动作，我们就能判断对方说的是实话还是假话。

心理学家通过大量的研究和观察告诉我们，人在撒谎时会出现很多不经意的动作。

例如上面讲到的摇头前的快速点头、眯眼睛、吞咽唾沫等，这些小动作虽然持续的时间很短，却也告诉了我们事情真相。

脸曾被描述为思维的画板，因为丰富的面部肌肉能够做出各种各样的表情，无时无刻不反映着人们的情绪和内心世界的变化。

之前我们对头部的各个器官进行了分析，但很多面部表情不会单独地出现，会出现多个表情组合的状况，或者有些表情我们之前未提到，因而从整体上进行分析，我们的解读会更加到位。

3

Chapter 3

读懂脸方能读懂心

摩擦前额：犹豫不决

《左传·襄公二十五年》中写道："弈者举棋不定，不胜其耦。"原意是说人拿着棋子，不知该如何下，通常用来比喻人们犹豫不决的样子。

犹豫不前

两个人下棋，一个人在举着棋子思考时，常常会伴随一个动作——不停地摩擦自己的额头。这是形象的"举棋不定"的场景。在其他场景中，当一个人出现摩擦前额的动作时，代表的也是这个意思。

例如，你询问主管关于产品策划的决定，主管摩擦着前额说："我回头再找你讨论。"

虽然主管没说出他的决定，但是他在说话时摩擦前额的动作说明他尚未做出决定，或者在做决定的过程中遇到了让他很挠头的问题。

摩擦前额这个动作所代表的意义就是人们犹豫的态度，表明人们思考未果。

另外，人们感到不舒服的时候，也会做出这个动作，也可能是有什么事情让自己感到棘手。

看到别人做出摩擦前额的动作，我们应该要明白其中的含义。

（1）看到这个动作，我们首先要想到对方可能身体不适，如果在谈事情，我们可以问一下对方是否需要休息。

（2）在日常交往的过程中，如果你在追问别人结果时，他出现摩擦前额的动作，那就说明对方尚未做出决定，或者你的询问让对方感到不舒服。这时，最好是不要紧逼对方，要给对方思考和缓解不适的时间。

揉太阳穴：大脑疲劳

太阳穴是人头部的重要穴位，《达摩秘方》中将按揉此穴列为"回春法"，认为常用此法可保持大脑的青春常在，返老还童。

疲累的信号

学生找导师去研究毕业论文的问题，讨论了大概两个多小时，老师不自觉地轻揉着太阳穴。学生忽然想到老师上了一天的课，再看看老师依旧认真的态度，不免心生敬佩，想了想决定向老师告辞，说明天再继续研究。

当人们长时间连续用脑后，太阳穴往往会出现重压或胀痛的感觉，这就是大脑疲劳的信号。从医学的角度来分析，按摩太阳穴可以给予大脑良性的刺激，能够缓解疲劳、振奋精神，并且能够使注意力继续保持集中。

所以，一个人用手按揉太阳穴，说明他已经非常疲倦了，需要休息。

另外，人们在感觉厌烦的时候，也有可能做出这样的动作，以缓解自己焦躁的情绪。

人在感觉疲倦的时候，外在表现还是非常明显的，在人际交往的过程中，注意这方面的信息非常重要。

（1）与人交谈的过程中，如果发现对方做出揉太阳穴的动作，那么你应该识趣地终止本次谈话，对方已经累了，勉强地交谈下去也达不到良好的交流效果。

（2）看到一个人莫名地揉着太阳穴，那么他有可能是遇到了麻烦的事情，此刻正感到心烦意乱。

额头出汗：情绪紧张

我们的身体表皮都有汗腺，额部较为丰富。在温度较高的环境下，人们就容易出汗，但很多时候，我们不能仅仅将其视为一种简单的生理反应。

某人在做事的时候，如果额头渗出了汗珠，说明他此刻比较紧张，可能是某种压力所致，这时我们可以给予积极的鼓励，或者默默地陪在他身边。

额头上出汗是紧张的表现

小旭在人多的时候讲话总会紧张，可她将来想当老师，于是，大一的时候她为了锻炼自己参加了班级干部的竞选。刚上台的时候，小旭看着下面密密麻麻的人，忽然有种眩晕的感觉，紧张得说不出话来，额头上冒出一层细密的汗珠。辅导员老师见状，鼓励道："没关系的，谁都有第一次，你就当我们全都是白菜。"受到鼓舞，小旭终于迈出了第一步。

在一些比较重大的场合，出现紧张情绪是很正常的现象，但如果总是因为自己的敏感而感到紧张的话，则说明你的自信不够。因而缺乏自信心的人会较多地陷入紧张的情绪中，从而唤醒肌体的生理反应，比如额头冒汗的。

抓摸胡须：思索或安慰

在古装剧中，我们看到很多男人都留着长长的胡须，在想事情的时候，一边来回地踱步，一边时不时地用手抓摸一下胡须，特别是那些老先生。

他为什么摸自己的胡须？

现代社会，人们很少会留长长的胡须，但是胡茬还是能够摸到的。摄影的时候，好多男模特喜欢抓摸自己的下巴摆造型，这样看起来确实很有男人味，但很多时候，它的出现不光是为了耍帅。

（1）思索。人在思考的时候，会有一些习惯性的外在表现，有些不经意间做出的小动作可能连他们自己也没有察觉。

当你向上级汇报某件事情的时候，他坐在椅子上，摩擦自己的下巴半天也没有反应，于是你叫了他一下，他好像突然反应过来了似的。这时，你可能会觉得领导在走神，根本没有听你汇报的内容，其实，他可能只是针对你刚刚汇报的内容在思考。

所以，摩挲胡须可理解为思维的外在表现，它表明人们正在思考，尚未做出决定。

（2）安慰效应。前面关于安慰性的动作和表情，我们已经讲了很多，这里又出现了一种，就是摸胡须。

人在需要安慰的时候，大多是内心产生了比较消极的情绪，或者正承受着某种压力，所以，这个动作的出现能够反映出某些心理。

摸胡须属于肌肤安慰的一种，人们在紧张或焦虑不安的时候，可能就会做出这个动作。

所以，面对摸胡子或下巴的人，我们应分清情况，采取相应对策。

（1）看到别人神情专注地摩挲着下巴，那么你最好不要在这个时候去打扰他，对方可能正在想事情，你的出现很可能会打断他的思路。

（2）抓摸胡须，可能这个人情绪低落，对于男人而言，他们需要的不是言语上的鼓励，更多的是无声的支持。

面部迟疑：谎言信号

说谎的人一般最注意控制的就是自己的语言和面部表情，他们知道交谈的对象特别在意这些，但他们对自己言辞的控制往往比对脸部表情的控制成功。

迟疑是谎言的信号

小的时候，我们被关在屋子里做功课，家长突然进来搞袭击，我们迅速将游戏机藏在书本下面。那个时候，我们总以为随便糊弄父母几句，就能蒙混过关，但其实迟疑的面部表情早已将我们的谎言暴露在父母的面前，他们只是不愿意戳穿我们罢了。

一般来看，当一个人试图说谎的时候，脸部总会有些表现。大多数人会通过微笑、点头等动作来调整和掩饰内心的真实活动。然而，心理学家研究发现，人们的脸部表情很难被完全地控制住。

所以，无论怎样遮挡，当你企图说谎的时候，你的整个面部表情还是会出现一瞬间的凝固，我们把这个叫作"面部迟疑"。如果一个人所说和所想不一致，那么他脸部的肌肉会瞬间僵硬，大概持续2~3秒。

掩饰言辞很容易，但要隐藏面部表情却是一件非常困难的事情，只要你细心观察，这一点并不难发现。

不要忽视别人迟疑的面部表情，这是一个非常明显的谎言信号。

脸庞发红：含义不同

"蓝脸的窦尔敦盗御马，红脸的关公战长沙，黄脸的典韦，白脸的曹操，黑脸的张飞叫喳喳……"这是《说唱脸谱》中的经典歌词，生动地描述了不同的脸谱人物。

脸红代表了什么？

中国传统戏曲中用脸谱来表现人物的面容和性格特征，可见，很早以前人们就知道通过一个人的面色来判断一个人。如今，从一个人的脸色变化，我们也能够猜其内心世界的活动状况。

（1）羞涩的脸红。脸红是害羞的经典表现之一，看到一个人脸红，我们首先想到的就是对方在害羞。情绪的波动会造成生理唤醒，此时脸红正是生理原因直接造成的。紧张状态下，血液的循环受自主神经系统控制，会将大量的血液集中输送到头部，血流量的增多必然导致脸色变红。

这种害羞的表情常出现在初恋的少女身上，四目相对、脸蛋绯红，一段纯美的感情就以这样的表情拉开了帷幕。

另外，脸红也是涉世未深、感情单纯的表现。

（2）尴尬的脸红。不知道你是否有过这样的尴尬经历，北方的冬天路面很滑，走路的时候一不小心就摔倒了，大多数人起身后的第一个反应是看看周围有没有人，如果有，你的脸会一下变得通红。通常这个时候你会在心里默念："大家都看着呢，好丢脸啊！"

当一个人身处很尴尬的情境时，他会感觉到窘迫，此时他拧成"囧"字状的脸常常会涨红，而脸红的程度往往是和他尴尬的程度成正比的。

（3）愧疚的脸红。当一个人的错误或谎言被别人指出来时，他可能会因为愧疚而脸红。例如，当老师调查打破玻璃的是哪个小孩儿时，老师将小明叫到办公室，严厉地指出他撒谎的事实，这时，小明的脸会瞬间红起来，而且在老师的继续批评下，他脸红的面积甚至延伸到脖子，这都是内心愧疚和后悔所致。

有科学家认为，这种愧疚的脸红对于人类是非常有好处的。东安格利亚大学心理学家雷·克罗兹教授认为："人们通过这种方式发送出对群体致歉的信号……这是人们知道他们做过错事的感觉。它能平息敌对状态，让其他人更快地原谅你。"试想，如果你指出一个人所犯的错误，而他瞬间面红耳赤，从他脸红你知道他内心非常愧疚，因此，你的怒气就会减弱许多，这对双方都有好处。

（4）情绪高涨的脸红。除了以上情况会让人脸红之外，还有一些由于外部刺激产生的人的内心情绪高涨也会导致人的脸变红。

例如，一个人站在领奖台上时，领导指着他说这是大家的榜样，此时他的心情会非常激动，会出现两眼放光、脸庞发红的激动表情。又如，一个人跑完长跑，运动带来的高涨情绪也会使他脸红。

脸红这种表情在很多场合都有出现的可能，这就要求我们准确地把握不同情境中它所代表的不同含义。

（1）一个人看到异性时会脸红，说明她在害羞，我们几乎可以肯定她是喜欢对方的。

（2）看到别人因为出糗而涨红了脸，说明他现在很难为情，如果有个地缝的话，他会恨不得钻进去的。

（3）生活中总能遇到让我们尴尬或为难的事情，要从容、镇定、灵活地化解难堪的场面，不要太过纠结于其中，否则只会给自己带来沉重的思想负担。

（4）当你在批评或指责某人的时候，看到对方的红脸，就要适可而止，因为他已经感到很愧疚了。

（5）一个人脸色涨红也可能是激动的情绪所致，如果你有什么重要的事情，最好等他情绪平复了以后再说。

面色苍白：多为惊恐

中医有言："有诸内者，必形于外。"意思是体内发生的病变，必然会反映到体表，面色就是其中之一。当看到一张面色苍白的脸时，我们第一反应是：此人一定是生病了。没错，从医学的角度分析，透过一个人不好的脸色，可以初步判断一些内里的病灶。那么，一个人的脸如果突然变白了（美容效果除外），是什么原因导致的呢？

惊恐的面色

当我们和别人开玩笑或搞恶作剧的时候，看到被整的人的样子，我们常常会笑着说："瞧你那脸都吓白了！"没错，人在受到惊吓或处于极度恐惧中时，会面色苍白。

恐惧情绪出现时，肾上腺体会突然释放出大量的肾上腺素，随血液循环到整个身体，会刺激末梢神经，迅速导致末梢神经密集区域发生肌肉和血管的收缩，头发和汗毛会立刻竖起来，面部皮肤因肌肉收缩、缺血而变得苍白。

面对突然变白的脸色，我们要分清到底是怎么了。

（1）看到别人脸色突然变白，首先要询问一下对方的身体情况，突然的身体不适可能是造成脸色差的原因。

（2）你身边的人突然盯着某个方向，脸色苍白，那么你要小心了，危险可能正在向你们靠近，或某处发生了危险恐怖的事件。

人的惊讶表情小于1秒钟

人类和其他动物保留下来的一个相同表情就是惊讶，所以说，这个表情不是我们人类专有的。

假装的惊讶可识破

人在受到意外信息刺激的一瞬间，会停止所有的活动，做出惊讶的表情，前提是刺激源是人们意料之外的事情。

对于其他动物来说，当它感受到周围的环境有变化的时候，它就会通过身体的感觉器官判断自己的身边是否有危险，这个过程大概有1秒钟。有的人可能会感到不解，时间为什么这么短暂？在动物的世界里，1秒钟可以发生很多事情，如果延长了震惊的时间，就会错过最佳的判断时机，那么就有可能失去生命。

同样的原理放在人的身上一样适用，因为这也是人类进化遗留下来的本能反应。不过，作为高级生命体，人还会利用这种反应。很多时候，由于特殊的原因，人们在面对某些事情时会故作惊讶，最好的判断方法就是时间，人的惊讶表情不会超过1秒钟。

语言上的欺骗不易辨别，但表情的真假我们还是能够做出判断的，只是需要细心观察。

当你向某人诉说一个令人震惊的消息时，如果他惊讶的表情超过了1秒钟，那是他装出来的，他可能早就知道这件事了，又或者他根本不关心此事。

手按头部或脸颊：渴望安慰和鼓励

看到别人用双手按住自己的头发或脸颊，你会有什么感觉？你可能会想："这人真可怜，他一定很痛苦！"

期待得到安慰

出门忘带钥匙，或者到单位了才想起来忘了关电灯或煤气，或者下班了看到外面下着雨而自己却没有带伞……这时我们会想也不想地用双手按住脸颊或头部。此时，这样的动作表示的是我们希望所爱的人能给予自己安慰和帮助。

人们都特别讨厌那些倒霉的小事，可有的时候它们就像讨厌鬼一样缠着你不放，会接二连三地来到你身边。这时人们的心情往往都比较低落，严重者会意志消沉，希望有人能够给他们一些安慰，让他们倒一倒苦水。

人们在感到内心痛苦而又无人诉说的时候，就会进行自我安慰，那些不经意做出的小动作所带来的安慰效果不可小觑。

有人用手按着头部或脸颊，说明他现在的情绪比较压抑，试着给他一些安慰和鼓励，哪怕他只是一个陌生人。

现在有一款手机软件非常有意思，可以分别将左右脸的表情完全对称地呈现出来。结果会令你非常吃惊，原来人的左右脸的面部表情有着很大的差异。

从左脸判断是否说谎

别人给你看一张照片，原本是左右对称的照片，你却更容易被脸的左侧所吸引。又有一张脸谱照片，左半边为气愤的表情，右半边为微笑的表情，你看过后，却会被左半边生气的表情所吸引。

心理学研究表明，其原因是眼球本身的右侧（对方眼球的左侧）容易移动，故人的观察视线比较容易集中在对方脸部的左侧。同样，配合眼球的活动，感情在脸部的左方比较容易显现出来。

面部是表达情感和态度的首要信息源，一闪而过的面部表情本来就不易察觉，如果你遇上一个说谎高手，他对要说的谎言已经准备充分，可能你就无从分辨，那么你可以通过对方的左脸进行判断。左脸会更加清楚地把他的谎言展现出来，具体表现就是：犹豫、僵硬、凝固等，你会发现那半边脸是如此不协调。

人的左脸比右脸的感情流露更为明显，当你无法猜透对方心思的时候，要特别留意一下对方左侧脸部的变化，你会得到有用的信息。

别人跟你讲话的时候，如果他的左脸上出现了僵硬或迟疑，那么不要相信他说的话，他可能在欺骗你。

摸侧脸是一个常见动作，但也正因为这样而常常被人们忽视，不过这个动作的出现同样能够反映出人们心理世界的变化。

摸侧脸：思考和焦虑

同其他安慰性小动作一样，摸侧脸也具有肌肤安慰的效果，因而它会出现在不同的情境中。

（1）思考的姿势。上学的时候，很多人喜欢挑战高难度的理科题目，实在做不出来的时候就会去找老师，老师可能会一边看着题目，一边摸着自己的脸颊，这时，我们也许会小小地得意一下，心想："老师做这样的题目都有困难，何况是我呢？"

人在专心致志地思考某件事的时候，会下意识地用手去摸自己的脸颊，这与咬铅笔等习惯性动作类似，好像在安慰自己说："一定会想到办法的。"

（2）焦虑的心态。摸侧脸也属于焦虑反应的一种表现，此时的这个动作可完全理解为一种安慰反应。

研究表明，皮肤所受的刺激对神经系统和心理状态具有非常重要的影响。因而，人们感到焦虑的时候，会做出触摸脸颊等动作，以缓解内心的紧张和不安，从而达到安抚自己的效果，就好像我们在提醒自己要冷静一样。

摸侧脸这个动作传递出的信息，能够让我们了解到此人当前的状态，让我们在说话做事的时候更增添了一分把握。

（1）当你向某人征求意见或向其提出建议时，如果对方用手摸着自己的脸颊，说明他正在考虑，要给别人做决定的时间。

（2）看到别人做出摸侧脸的动作，那么他有可能是在思考，但也有可能是遇到了麻烦的事情，此时最好不要用坏消息去刺激他，因为他已经很焦虑了。

看到闺密双手托腮，坐在椅子上发呆，你可能会伸手在她眼前晃一晃，然后打趣地说道："又在做什么白日梦呢？"

双手托腮的人到底在想什么？

双手托腮的人一般会被认为是爱幻想的人，专注地幻想某一件事情，眼神也是痴痴的。那么这个动作是否也暗含着一些心理行为呢？我们一起来看一下。

（1）替代行为。双手托腮这个动作其实是一种替代行为，用自己的手来代替母亲或者是恋人的手，借此来安慰自己，这是一种渴望爱和温情的表现。

一般做出这个动作的人常常是心有不满，或者有心事，正沉浸在自己的思绪当中，借此填补内心的空白和空虚。很多时候，双手托腮这个动作是在无意识的状态下完成的，动作发出者本人可能全然不知。

（2）心猿意马的表现。人们在聊天的时候，经常会做出双手托腮的动作，多数情况下，它代表的信息是厌烦。如果是关系非常亲密的朋友，他会毫不客气地抱怨道："好无聊啊，我们能说点儿别的吗？"可如果是一般的熟人，即使他对某个话题很反感，出于礼貌他也不会贸然地打断对方，就可能做出双手托腮的动作。

所以，如果聊天时发现对方正双手托腮地若有所思，别以为他在想你说地事情，这个动作恰恰说明他对你的话题根本就不上心，或者是反感这个话题。他的确有所思，不过想的内容绝对与当下无关，可以肯定的一点是他不想再听你继续说下去了。

看到别人做出双手托腮的动作时，不要一味地以为他们在做白如梦或做一些不切实际的幻想。

（1）喜欢做双手托腮这个动作的人，一般都比较缺乏安全感，我们应该多给予帮助和鼓励。

（2）说话时看到别人做出了这样的动作，那么就不要喋喋不休了，这样别人会越听越烦的，只会阻碍你们的沟通。

打哈欠、紧锁眉头或托下巴：提神或提醒

美国马里兰大学的生理学家普罗文和贝宁格通过对哈欠研究发现，开夜车的司机会频繁地打哈欠，认真看书或做作业的学生也会哈欠连连，可是却很少有人在床上打哈欠。

打哈欠可理解为"叫停"

很多理论都研究过人类打哈欠的行为，但似乎哪一种说法都不能让人十分满意。总之，打哈欠是人类的一种本能，它像心跳、呼吸一样，不受人的意志控制。

研究表明，打哈欠对保护脑细胞、增加脑细胞的供氧、提高人体的应激能力具有积极的作用。所以，打哈欠是人们觉得必须保持清醒状态的时候，促进身体觉醒的一种反应，因而具有提神的作用。

当人们需要通过这种方式来保持清醒时，说明此刻身体正处于疲累的状态，比如睡眠不足或劳累过度。因而，这种反应的出现也是在提醒人们：到了该休息的时候了。

与别人聊天时，如果你意识到自己可能要打哈欠，那么你可能会咬紧牙关来抑制，因为这似乎是一个不礼貌的动作。但是，这种行为毕竟不受人的意志控制，它的出现是为了向人们传达信息。

（1）与人交流的过程中，如果对方打起了哈欠，那么你要适时地终止本次谈话了，因为对方已经觉得累了或困了。

（2）当工作或学习的压力让你感到疲倦的时候，可以试着伸开双臂打一个长的哈欠，你会觉得很舒服的。

在与别人交流的时候，我们最怕看到别人紧皱着眉头，同时用手托住下巴，因为我们知道这是一个不好的信号。

被否定的前兆

一个人在表示否定对方的意见时，会有一个常见的动作，那就是紧锁眉头，托住下巴。这时，对方很有可能在思考如何表达出自己的反对意见。所以，看到这个动作的时候，我们就要知道，我们的想法即将被否定。

小郑正在向主管汇报下个季度的营销计划，抬头的时候看见主管紧皱眉头，托着下巴，便觉着不妙，果然片刻后主管开口道："我觉得你这个计划的可行性太低，实施起来比较困难……就这样，修改好了你再拿给我看。"

能够察觉别人的态度或立场，是人际交往中的一把利器，它会让我们在这个过程当中处于主动。

与人交谈时，对方紧皱眉头，托住下巴，这是我们要被否定的前兆，但也不必太过紧张，以新策略和新思路来说服对方才是你的当务之急。

固执己见的表情特征

固执己见的人最令人头疼，道理和逻辑在他们那儿不起作用，要动之以情也十分困难，他们就像块又硬又难啃的骨头。

坚持己见

有的人是天性固执，有的人是一时转不过来弯儿，这些并不重要，关键是如何在他们坚持自我的时候采取相应的应对措施。有的人，即使不认同他人也不会明确地表示出反对的意见，但内心却依然故我，这时就需要我们从他的表情了解到这一信息。

单侧眉毛挑高，上眼睑下垂，几乎呈闭合状，自然下垂的视线会偏向右方，嘴角用力下撇，这些便是固执己见的表情特征。

从以上的表情变化中，我们能够看出当事人内心的想法，包括否定、无奈、坚持和自我控制。他们无法认同别人，对于别人的观点，他们既不会接受也不想改变，只是心中的那份固执是不会动摇的。

看到别人固执己见的表情时，你要有一种心理准备，说服他们可能会比你放弃自己的观点要困难得多。

磨牙：为难或有压力

磨牙是医学上的一种症状，通常出现在夜间人们睡觉的时候。那么，人们在正常情况下做出磨牙的动作又代表了怎样的意思？

磨牙的动作会出现在为难的时刻

心理学研究发现，人们在遇到为难的问题时，比如迫于某种压力而不得不说谎的时候，可能会出现磨牙的动作。

磨牙这个动作是指上下牙牙尖之间的摩擦，嘴巴会张开一些，看起来像是一种威胁的表情。

其实，这是控制内心的紧张状态所致，同时也是一种自我安慰的表现。

很多时候，人们会陷入一种两难的境地，这时会因为必须做出选择而感到压力，但大多数人都不愿意将自己不安的情绪暴露在别人的面前。

于是他们做出这种看似有威胁力的表情，来宣告自己的强势，其实是用来掩饰内心的不安。

所以，当人们感到神经紧张、焦虑、抑郁的时候，都有可能出现磨牙的现象。

从心理意义上分析，磨牙这个动作可以很好地将人们内心的情绪表现出来，虽然并不十分明显，但也观察得到。

（1）别人回答你的问题时，如果做出磨牙的动作，那么他极有可能是在说谎或你的问题让他感到为难。

（2）在现实生活中，若经别人提醒，发现自己有磨牙的症状，则说明你承受着较大的压力，要试着放松自己，合理调整情绪。

咀嚼频率和力度：冻结反应与自我安慰

有一句话叫作"化悲愤为食量"，是说人们在难过的时候可以大吃一顿，这样能够改善心情，而进食与咀嚼和吞咽等动作是直接相关的。

从吃的动作看人

一个人吃东西的时候，比如口香糖，我们能够观察到他咀嚼的频率和力度，但重要的是变化，如果能感觉到频率和力度有所改变，则说明他的心理正发生着变化。

（1）冻结反应。

小雪正在和爸爸妈妈一起吃晚饭，突然听到爸爸说要送她出国念书，她的第一反应便是停下咀嚼的动作，怔怔地看着父亲，因为这个消息对她来说太过意外和震惊。

人们在接收到突如其来的意外刺激时，会本能地减少动作，保持静止，因而暂停咀嚼动作是典型的冻结反应。

（2）紧张的情绪。人在受到负面信息的干扰时，会出现情绪的起伏，可能会觉得慌张无措。这个时候，如果他正在吃东西，那么可能会加快咀嚼的频率和力度。

可见，平静的外表未必能够掩盖住躁动的心。当感到压抑或害怕别人戳穿你的谎言的时候，你可能会试图通过一些小动作来缓解神经系统的紧张程度，比如比较快或比较用力地咀嚼。

人们受到一定的刺激后，咀嚼的频率和力度的变化情况，有可能为我们提供一些有价值的信息，我们要注意把握。

（1）如果一个人突然停止了咀嚼的动作，则说明发生了或听到了意料之外的事情，他正为此感到惊讶，甚至觉得不可思议。

（2）当你向别人提起某件事情的时候，如果对方突然增加了咀嚼的频率和力度，则说明此事让他感到不安，那么你可能掌握了一条比较重要的信息。

眉眼能透出不屈服

小的时候被父母教训时，我们已经沉默不反抗了，父亲会突然问道："怎么，还不服气呀？"因为那时太小，我们可能还会纳闷：他怎么知道的？现在我们明白了，一切都表现在脸上了。

心有不甘

当我们不愿服输又不得不低头的时候，我们会不自觉地提升双眉，垂下眼睛，将视线转向左下方，嘴角下撇，同时微抬下巴，这是典型的不服气的表情。

不服气是指人们不认可结局，还想继续较量的不服输心态。现实生活中多表现为人们打心底里不愿接受别人的观点或教训，但表面上并未做出反驳。然而事实上，这种无声的抵抗已经明显地表现出了内心的坚持。

另外，从眉毛和下巴处我们能够看出，此人具有较高的自我定位，也正是这个原因，他不愿意屈服于别人，也从侧面表现出了其顽固的性格。

不服输本是一种好的心态，但也要看时机，如果只是因为固执己见而不虚心接受他人的教诲，最后受损失的只会是自己。

如果一个人露出这样的神情，则说明他并不认同你的看法，那么你的目的就没有达到，需要继续努力。

鼻孔外翻、嘴唇紧抿：控制怒气

研究表明，在人类的所有情绪中，愤怒需要消耗的能量是最大的。因而，这种情绪一旦被唤醒，就很难平复。

压抑着愤怒

因为考试成绩不理想，我们肯定都没少受到父母的责备，有的时候我们也会觉得委屈，刚想反驳几句，看到父亲鼻孔外翻，嘴唇紧抿，正盯着我们，于是到了嘴边的话又咽了回去。

我们通常管这叫"识时务"，因为感受到了他们愤怒的情绪，我们就选择闭上嘴巴。也有不服气的孩子会顶上两句嘴，结果可想而知，父亲的愤怒情绪必然要爆发出来，最后倒霉的还是自己。

鼻孔外翻加上嘴唇紧抿，这是典型的控制怒气的表现。通常情况下，只要还在控制的范围内，谁都不想发火，谁都明白气大伤身的道理，所以，人们总会控制自己的情绪。

如果一个人鼻孔外翻、嘴唇紧抿，我们最好不要去招惹他，谁也不知道他压抑的愤怒会不会在下一秒钟爆发出来。

轻蔑的多种表现形式

有一句话说得很好：只要我们看得起自己，那么就可以无视别人对我们的轻视。可现实中，当我们感到被蔑视的时候，心里面还是很难过。

轻蔑的表现形式有很多种，甚至通过单一的微表情我们就能够做出判断。

单眼微眯、单侧嘴角上挑，这是典型的轻蔑表情，只是这种轻蔑带有更多嘲弄的意味。

因而与初次打交道时人们习惯摆出的高傲姿态不同，它更多的时候是出现在相识的人身上。例如，在一个慈善酒会上，两家竞争激烈的公司的老板碰到一起，A看到B后单眼微眯，单侧嘴角上挑，对着B说道："今晚可没见你买到什么好东西，挣了那么多钱，也要为慈善事业做点贡献啊！"很明显，A在通过这种嘲弄的方式表达对B的轻蔑。

人们会流露出这种复杂的表情以示轻蔑，表明他们之前就有矛盾，这是另一层需要信息。

因此，根据这个动作，我们可以获得不同的信息：

（1）别人单眼微眯、单侧嘴角上翘地看着你，这是在表达他对你的轻蔑和不屑，同时带有浓重的嘲讽意味，可根据对方的表现做出相应的回应。

（2）在观察别人对话时，如果发现了这样的表情，则说明他们之间至少一方带有敌意，这可能是一条很重要的信息。

面对惨状的恐惧和悲伤

你一定看到过恐惧和悲伤同时出现在一个人的脸上的表情，它表达的是人们对眼前的惨烈状况表现出的情绪。

怎一个"惨"字了得

电视剧《步步惊心》中有一场戏，演到了清朝的十大酷刑之一——蒸刑，无论剧中的人物还是电视机前的观众，在看到这一幕的时候，都不禁露出一种复杂的表情，包括恐惧和悲伤。

我们一起来看一下这个表情：

双眉下压、紧皱；鼻子微提；上唇提升，下唇拉开，嘴角拉向两侧。

恐惧、厌恶和悲伤在这个表情中都能找到。

当悲惨的事实呈现在我们面前的时候，我们会感同身受。

如果真的身临其境，我们甚至会怀疑那样痛苦的经历会在下一时刻发生在我们的身上。

对潜在危险的恐惧，对画面的厌恶，错综复杂的情绪就这样跃然脸上。

在面对负面刺激的时候，人们必然产生负面的情绪，并下意识地表现在脸上。只是越复杂的情绪，越难从表情中理解。

（1）看到别人皱着眉头，咧着嘴，我们要猜到他可能正被一种恐惧、厌恶和悲伤的情绪困扰，我们应进行及时的安抚，以避免其负面情绪扩大。

（2）有的时候我们会通过一些悲惨的事例来提醒或警告别人，当然未必出自恶意，如果对方的脸上出现了这样复杂的表情，我们就达到目的了，就要适可而止。

攻击之前的征兆

人类社会的发展史其实是一部战斗史，弱肉强食是大自然的法则，因而攻击也是人们的一种本能。

攻击的准备表情

攻击行为不会是突然发起的，会有一个循序渐进的过程，人们在准备进攻之前一定会透露出一些信息。通过观察一个人的表情，我们就能够找到这些痕迹。

眉毛向下皱在一起，眼睑上扬，眼袋紧绷，这些就是攻击倾向的表情特征。没错，它与人的愤怒表情很接近，这是因为攻击倾向本身就源于愤怒。当人们做出这样的表情的时候，说明他们已经有了攻击的打算，也表明他们愤怒的情绪在一点点地上升。

了解他人的攻击意向，也是自我保护的一种方式，如果你不能意识到周围的危险，就无法保障自己的安全。

（1）当看到别人做出这样的表情时，说明对方隐忍的愤怒已经达到了极点，当务之急便是平息对方的怒气，否则就只能准备打一架了。

（2）在人比较少或比较偏僻的地方，如果你看到有人流露出这种表情，那么你一定要提高警惕，罪案经常在这些地方发生。

羡慕嫉妒恨的典型表情

羡慕嫉妒恨是一个网络流行用语，将意义相近的词语反复叠加，通过紧凑、复杂的形式，表达了一种冲突强烈的情感。这一词语被广泛流传，成为人们口中的常用语，那么人们究竟是通过什么样的表情来表达这一情感的呢？

复杂的矛盾心理

人们会流露出这样的表情：眉毛微皱，细不可察；下眼睑紧绷；注视的眼睛视线偏上；鼻子微提；上唇提升，下唇与其紧抿，嘴角微微拉向两侧。这就是典型的羡慕嫉妒恨的表情。

这一表情体现的是针对他人的矛盾心理，恨起因于嫉妒，嫉妒又源于羡慕。但同时又说明恨是因为有爱，羡慕是因为技不如人。所以对这个表情的接受者来说，这是一种恭维，他们的体验是愉快的。

而对于这一表情的发起人，这里面包含了许多复杂的情绪，比如关注、轻蔑和气愤，将人们内心的冲突刻画得细致深入。但由于无法改变现状，人们只能压抑自我，向现实妥协。

我们喜欢用羡慕嫉妒恨来形容别人，这会让我们自身体验到一种优越感，但如果不能通过别人的表现来发掘这一信息，那么我们的话就只会成为一种讽刺和挖苦别人的利器。

（1）做出这样表情的人或许并不自知，但具备了这样的心态就应该意识到自己不如别人，正所谓"临渊羡鱼，不如退而结网"，大可不必流露出这样的表情。

（2）当你接收到别人对你流露出的这样的表情时，你更多感受到的可能是鄙夷，你不必感到生气，因为对方已经将你置于优势地位。

面无表情的时候最可怕

动物在应对外界刺激的时候，也会展现出相应的表情，何况是作为高级动物的人类。可即使这样人也有很多时候是面无表情的。

真的淡漠，还是极力掩饰？

面部表情会发生变化，人们据此做出判断，了解他人的心理变化。而当你无法从别人的脸上获取任何信息的时候，你会觉得心里没底，不知道对方此刻正在想什么，无法猜到他的心思，所以，人们没有表情的时候是最可怕的。

（1）冷漠中透着疏离。你因为某事指责某人，或者向他发脾气，结果他却摆出一张面无表情的脸对着你，你一定会变得更加愤怒。

面对一张波澜不惊的脸，你会有种被漠视的感觉，因为从对方的脸上看不出任何情绪，这样的反应表明他对眼前的事物极度不关心。人们都说沉默是最大的蔑视，其实，用一张没有表情的脸对着别人会更加使人难堪，它传递出的信息就是冷漠。

所以，要想表达对他人的不在乎和冷漠时，不需要过多的言语表达，面无表情地对着他就好了，这样效果更佳。

（2）掩饰内心的情绪。前面我们说过，即使再掩饰，内心的情绪也会在细微的表情变化中表现出来。所以，面无表情是人们在伪装时能够达到的最高境界。

　　为了掩饰自己的情绪而能够做到面无表情的人，一般较为沉着、冷静，因为控制情绪的外露需要较大的心理能量。这样的人在人际交往的过程中，往往占据主导的地位。

　　人类各种复杂的表情中，最难读懂的就是面无表情，尤其是对刚刚接触还不太熟悉的人，你不知道此人是性格如此，还是已经发生了情绪的变化。

　　（1）当一个人摆出没有表情的表情来应对你的时候，说明他决定对你采取漠视的态度，所以，即使你暴跳如雷也没有用，他不会做出任何回应。

　　（2）真正能做到心如止水的人少之又少，所以人们在面对重大刺激的时候，都会出现情绪反应，多数面无表情的冷静都是伪装出来的。

4

Chapter 4

举手投足也能出卖你

能"出卖"你的身体语言

"身体语言"这个词语的提出，标志着人们对另一个语言体系进行正式研究的开始，也表明人类对自身探索的进一步加深。

人们无法想到，在几千年的进化历程中，一些因外界刺激而引起的不经意的身体动作，会演变成一门用来进行信息沟通的学问。当我们称这些为身体语言时，同时就承认了，在人们举手投足间，隐含着未说出口的话或没有完全表达出的意思。

这些"无声的语言"通过各种身体语言体现出来。人们虽可以在语言上伪装自己，但身体语言却能"出卖"他们的心境。因此，身体语言不但成为解译体语的密码，而且成为人们准确地认识自己和他人的工具。

尽管人类在原始社会的时候就开始采用一些身体信号来进行交流，但直至20世纪，身体语言才引起学者的注意，且至今没有形成系统性的非语言沟通理论。对这个熟悉而又陌生的话题，人们应当重新认识，并将其良好地运用于生活和商务活动中。

在这个世界上，所有的动物都会做动作。对于具有发达的大脑、使用着高级思维的人来说，做出动作更是简单至极。但我们对动作的了解却少之又少。两个简单的问题就可以难住很多人——人类的动作有多少种？有哪些是先天就会的？

除了动作外，姿势也很重要，它指的是身体呈现的样子，也可以向人们传递某种信息。从某种意义上说，姿势也是动作，是一种能够向对方发出视觉信号的动作。

人的每一个姿势就像语言中的一个词语。为了让人理解一种语言，我们必须将词语构造为句子或者段落，只有这样，才能表达完整的思想。因此，搞清楚一组姿势是否和语言和谐一致需要花费一定的时间。同样的道理，通过识别不协调的动作来否定你听到的语言，也需要经过不断的练习。

观察一个人时，你首先要考虑其所有的言语和姿势，然后从中筛选出主要信息，形成完整的句子和段落，最后得出结论。不要只考虑他说的某一句话或者表面上做出的某一个动作。所以，为确保判断准确，你需要观察他做出的一系列行为。这就好比听人说话要听完整，而不仅仅听某个词语或句子，才能明白他要表达的意思。

比如，你正在和一个看上去能力非凡、自信满满且学识渊博的人交谈，突然间你发现他发出了极为不协调的笑声，这一举动基本上推翻了你对他的第一印象。不仅如此，他的手臂、腿部还出现了紧张的动作，整个身体也像是在为逃避一种不愉快的处境而不断变动着。你由此断定，他并非你第一眼所感觉到的那样，是一个有能力、很自信且学识渊博的人。可是，你是否想过，也许是你刚刚说的某句话或做出的某个动作让他不舒服或感到紧张。因此，在观察一个人时，你还必须意识到自己的言语或行为是如何被他人感知的，以便更加完整地理解对方的行为。

在观察某个特定的姿势时，请注意对方同时做出的其他表达相似意义的行为，以互相印证。例如，一个销售员在非常热心地推销产品时，可能会采用一整套协调的动作：浅坐在椅子的边沿，双脚分开，脚尖向前，手部置于桌面，身子向前倾靠。了解姿态的一致性就像安装了一种监视装置，透过它可以发现一个人的态度和行为的意义。这种意识会驱使你进一步观察下去，从而避免仅凭粗略的观察就得出结论。换言之，这种意识在一定程度上能够控制你的行为。

　　我们还发现，单一行为背后有多少种意义取决于有多少人对这一行为进行解读。因此，你必须记住，一个姿势仅表示一条非语言提示，而整个身体发出的信息才是重点。如果我们把对单一姿态的专注转为对姿态簇的钻研，将发现它们是密不可分的，也更加容易理解。这会帮助你更好地了解他人内心的想法，换句话说，能帮助你更有效地与他人交流和沟通。

身体语言会随着年龄的增长而变化

身体语言是人们的四肢运动引起的，它可以在人们的交流过程中传递许多信息。例如，握手是向人表示友善，目光接触是表示愿意与人进一步交流，小心翼翼地坐着表明焦虑和紧张等。这些动作，都在向外界传递信息。

身体语言并非一成不变，它在一个人不同的成长时期会展现出不同的特点。

例如，婴儿时期的吸奶动作，在儿童时期变为咬手指，在青少年时期变为咬笔头或咬指甲，而在成年后则变为嚼口香糖、叼烟嘴或雪茄。再如，幼儿可能只会举举手，或是用手指一下对方来表示不满或恐吓；而到了儿童时期，他就能做出实实在在的挥舞拳头的动作。

将身体语言随年龄的变化而渐趋成熟和隐秘化、复杂化的特点体现得淋漓尽致的当属撒谎这一举动。撒谎其实是一件非常困难的事情，因为人的大脑似乎装有安全保障系统，当它接收到一些前后矛盾的非语言信息时，就会把这方面的偏差自动记录下来，并通过身体语言暴露出来，让对方觉得他没有讲真话。所以，小孩向老师或父母说完谎话后，会迅速地用一只手或双手捂住自己的嘴巴，表露自己的心虚和害怕。殊不知，这正是因为大脑接收到了前后矛盾的非语言信息，将这方面的偏差自动记录了下来，并通过捂嘴这一姿势表现出来，从而引起了老师和父母的警觉，使他们知道孩子在撒谎。

十几岁的孩子在说完谎话后，不再直接用手去捂嘴，而会仅用手指轻碰一下嘴唇。这样，家人就很难知道孩子是否在撒谎。而成年人在撒谎后，可能会下意识地告诉自己千万不能用手去捂嘴或是触摸嘴唇，不然谎言就会被揭穿。但大脑的安全保障系统还是不由自主地让他去做捂嘴的动作，只不过在最后时刻，他注意到了自己这个掩饰谎言的动作，随即把手从唇旁挪开，做出摸鼻子的动作。其实，这个姿势和小孩捂嘴的姿势一样，只不过更隐蔽一些罢了。

上面的例子说明，尽管人们在面临同样的情况时，大脑会给出同样的指示，但随着年岁的增长，这些动作将变得更为隐蔽，让人难以捉摸。这也就是为什么研究成年人的身体语言要比研究儿童的身体语言复杂得多。

一般来说，女性的第六感往往要比男性敏锐得多。例如，当丈夫向自己的妻子撒谎时，不管他的谎言如何完美，如何天衣无缝，妻子轻轻一句"你在撒谎"，便可让丈夫所有的谎言原形毕露。所以，我们常常会听见男性说，女人的第六感太神奇了。的确，女人似乎天生就有一种"测谎"能力，有一双"火眼金睛"，能够捕捉各种细微的、转瞬即逝的非语言暗示，并在大脑中将这些暗示同语言信号加以分析比较，进而做出较为正确的判断。

有趣的是，女人也不清楚自己为什么具有这种超常能力。因而当丈夫问她为什么知道自己在撒谎时，她会笑着说道："我也不知道为什么，但第六感告诉我，你就是在撒谎。"在育有儿女后，这种准确破译身体语言的能力在女性身上表现得更加突出，因为在育儿的头几年里，母亲多要靠非语言的渠道来和自己的孩子交流。

因此，企图对女性撒谎的人要注意了，最好赶紧打消那种念头。因为女性有一种特别的"测谎仪"——第六感，了解到你的真实想法，它会戳穿你所有的谎言。

此外，语言学家的研究显示，一个人的身体语言还同他的社会地位、拥有的权力或受教育程度密切相关。一般来说，一个人社会地位越高、拥有的权力越大，或是受教育的程度越高，他掌握的词汇量就越大，运用语言的能力就越好，能够更清楚地表达出自己的意思；而一个社会地位较低、受教育程度较低的人则更多地依赖身体的动作来做补充。

轻易点头是无声的拒绝

在很多时候，点头并不表示同意，而轻易点头更有可能是一种无声的拒绝。

轻易点头所表现出来的是一种无可奈何的心态，明明心中很不耐烦，然而碍于面子或者某种特殊情况，不得已而做出点头的动作。而实际上，它是一种拒绝的表现。

你向别人提出一个请求，对方还没听完就频频点头说："知道了。"千万别急着高兴，他多半并没有真正想帮助你。这很明显是一种应付式的回应，其真实含义为含糊地拒绝。

一位保险推销员对此深有体会。

他说："我向人推销保险时，如果话未说完，对方就点头说：'好吧，我们考虑考虑再给你答复。'其实这说明他对我的话并不感兴趣，已经不耐烦了。这时我要做的是改变话题，或者另找时间。"

当一个对你的性格、目的所知不多的人，对你的请求显示出"闻一知十"的态度，通常是不想让你继续说下去。

当我们打算接受一个人的请求时，总会耐心地听他讲完，然后决定怎样做。所以出现上述情况的原因就是，他要么不愿意接受，但是出于礼貌没有直接拒绝你；要么就是没有耐心去了解你的意思，用点头的方式来表示自己听懂了。

小凯出轨了。每次妻子晶晶一哭二闹三上吊的时候，小凯都会不住地点头说："行了，行了，我不再和她来往了。"答应归答应，小凯和第三者的联系从未断过。晶晶每次都和闺蜜哭诉："他明明答应了，明明答应了的……"

　　从这个例子可以看出，当你看到对方轻易点头并表示答应时，不要被表象迷惑，其实有时候这只是一种敷衍。这时候你要知道，你的目的没有达到，应该寻找更有效的方式或者解决办法了。

手势隐含更多的意思

人类从原始社会就开始用手制造和使用工具，成为世界的主宰者。而随着新事物、新思想的不断出现，人们为了更好地表达自己的意思，学会了利用手来做辅助，因为很多人发现仅仅依靠嘴来进行交流显得力不从心。所以在社会交往中，手势已经成为重要的一部分。同时，这些手势除了表面的含义外，还隐含了更多的深层意思。

在交谈时，人们总会把双手置于身前，并且伴有一定的手部动作（很少有人呆直地站着）。手势对言语起着说明和补充的作用，甚至可以发挥独立有效的作用。因此，在身体语言中，手势十分重要，几乎任何日常活动都离不开手势。人们的种种心理通过千姿百态的手势体现出来。

对他人竖起大拇指

大家都使用过这样的手势，它的一个很重要的含义就是表示对他人的称赞，可理解为"好""很棒""第一""厉害"等。在生活中，当我们真诚地赞赏他人时，还应当配合其他非语言的信号，例如面带微笑，这样就能更好地传达自己的意思。

此外，在美国、南非等地，竖起大拇指还有要搭便车的含义。在这些国家经常可以看到有旅行者向道路上的车辆做出这样的手势，看是否有机会搭便车。不过，在希腊等国家，竖起大拇指的含义则带有侮辱的性质，相当于说："你吃饱了撑的！"

食指弯曲与拇指相接触，其余三指张开

这个手势表示"OK"，是很好的意思。它最早被美国人频繁使用，如今已是我们经常使用的手势。但在不同国家，这个手势有着不同的含义。例如，在日本，这个手势和金钱有关。向日本人做这个手势，可能会被误解为索要贿赂。

伸出食指与中指，其他手指蜷曲

这个手势在手心向外的时候，被我们熟知的含义是表示"胜利"。而在受到英国文化熏染的地区，它也常常用于表示"举起双手或者抬起头"。但这个手势在手心向内的时候，就是一种侮辱性的表达，近似于"去你的"。不过，在欧洲的某些地方，手心向内时也没有其他含义，仅仅表示数字2。

跷起食指和小指，其他三个手指握在一起

这个手势的起源在美国有两种说法。一说因为小布什很喜欢得克萨斯州的长角牛足球队，常使用这个姿势表示支持。另一说是，它是摇滚音乐迷的手势，指"继续摇滚"；而得克萨斯大学运动队的拉拉队习惯用这一手势为队员加油，表示"出色、极好"。在美国，若要赞某人很棒，你便可以使用这个手势。有意思的是，这个手势在意大利有着截然不同的含义，指"戴绿帽子的男人"。

紧握手指，呈拳头状

紧握的拳头是力量的体现。在搏斗中，拳头可用于进攻与防守。如果在生活中运用这种手势，则是在向他人展示"我是有力量的"，是一种示威和挑衅的动作。

若将这个手势恰当地运用于演讲或谈话，除了能让话语富于感召力之外，还能让听者感到发言者很自信，值得信赖和依靠。

托盘式手势

女性面对心仪的对象时，经常会做出托盘式手势——双肘支撑在桌上，两只手搭在一起，把下巴放在双手上。女性通常借助这一手势来吸引男性的注意力。假如对面的男子颇让自己心动，女性常常把自己的双手当成托盘，把自己的脸当成精美的工艺品，希望对方能细细品味。

婚姻中的女性并不经常做出这个动作，但是结婚纪念日可能会例外。夫妻二人共进烛光晚餐，妻子在丈夫对过往的回忆中，找到了恋爱时的感觉。他似乎又变作那个当年让她仰慕的男子了，所以她情不自禁地摆出了托盘式的手势，告诉对方："你让我很有兴趣，我在仔细倾听你的话。"

托盘式的手势除了表示对对方本人或者谈话内容感兴趣，还可以表达恭顺之意。女性做出这个姿势时，突出了自己柔和的面部线条，由此展现的女性特质会让异性格外注意。而如果你身处工作场合，面对谈判对手，那么这样的姿势就会让你处在弱势。

除了上面这些以外，还有很多手势各具含义。例如，竖起小指表示轻蔑；竖起中指则有侮辱的含义；伸出一根手指指向别人有命令和轻蔑的意思……

体现紧张的小动作

不知道你是否注意过，人们在处于紧张的状态时总是会下意识地做出一些小动作，而这些小动作能够泄露很多内心信息。例如，你和朋友交谈时，他总是不时地拨弄头发，这是因为他的大脑发出了信息："心慌！安抚我一下吧。"是的，就像小猫小狗感觉害怕时会舔自己的毛发一样，人类频繁地拨弄头发，也表示心中紧张不安。

如果留心观察儿童的身体语言，你会发现，小孩子犯错误被父母或老师发现之后，经常会做出这样的动作——站在大人面前，身体不动，只是用手不停地拨弄头发，通常还带着无辜的眼神。那神情仿佛在说："我错了，会不会挨打呢？"因此，太频繁地拨弄头发，不是因为头皮很痒，而是因为内心极度不安、缺乏自信，需要用这个动作来掩饰。

小葛是个纨绔子弟，和莉莉结婚后稍有收敛。可是有一天，小葛又彻夜未归。早上回家，他发现莉莉整晚没睡。莉莉站在窗口，红肿着双眼，质问道："你是不是又去夜店了？这个家你还要不要了？"从未见过莉莉发火的小葛有些慌乱了，他不停地拨弄头发，说："我、我没去夜店啊，你相信我！"从上面例子可以看出，尽管小葛嘴上否定了莉莉的猜想，但他手上的动作却表明了内心的不安、焦虑。细心观察会发现，人们在紧张的时候，总会通过一些小动作将情绪透漏给你。让我们看看其他一些体现紧张的小动作：

不停地清嗓子

你会发现，很多人原本嗓子没有不舒服的感觉，可是在比较正式的演讲前，会不停地清嗓子。这不是怪癖，只是因为紧张。不安或焦虑的情绪会使喉头有发紧的感觉，甚至发不出声音。为了使声音正常，他就必须清嗓子。这也是有的人说的"紧张得连声音都变了"的原因。如果你遇到说话不断清嗓子、变声调的人，应该理解他们内心的紧张、不安和焦虑。

狠狠掐烟或任烟自燃

抽烟有时会被认为是缓解紧张、压力的方法。生活中，你常常可以看到这样的动作，有人在烟没有抽完的时候，忽然把烟狠狠掐灭或是把它搁在烟灰缸上任其燃烧。其实这样的动作的潜台词常常也是压力、紧张、焦虑。

屁股底下坐了球儿

很多人在上学的时候都被老师训过这样的话："你能不能好好坐着？你屁股底下坐球啦？"聊天时，如果发现对方坐立不安，那就表明他感到有压力或不安。当然，无聊时也会出现这样的动作。

很多动作看起来很平常，实际上也是紧张不安的表现。比如撕纸、捏皱纸张、紧握易拉罐让它变形等等，并且你可以发现，当一个人的紧张感、不安感严重的时候，这样的动作出现的概率更大。人们似乎希望借这些动作来缓解压力，同时稳定情绪。

头枕双手的心态

高度自信的动作能够反映大脑的高度舒适感和绝对自信。你可以尝试下头枕双手这个动作。当你做这个动作时，是不是腰挺得很直？是不是有一种长高了的感觉？对，要的就是这种优越感。这是一种舒展胸脯、表现力量的姿势，它代表着自信和无所不知。那些自我感觉高人一等，或是对某件事情的态度特别强势、自信的人，经常会做出这个姿势，仿佛在对旁人表示"我知道所有的答案"，或是"一切都在我的掌控之中"。

一般情况下，头枕双手的姿势经常见于管理层人员，很少见到普通职员面对自己的上级做出这个姿势。

某公司职员发现刚刚晋升的销售部经理突然间有了这样一个习惯性动作：当他坐在自己的椅子上时，喜欢把头向后仰，枕在交叉的双手上；双臂弯曲折在脑后，形状仿佛羽翼。于是，很多职员偷偷讪笑他越来越有官相了。

晋升以前，经理并没有经常做出这种头枕双手的姿势，但新的地位却让他养成了这个习惯。由此可证明，经理对他的现状感到满意和舒适，他感觉一切都在掌握之中。

头枕双手的姿势不仅显示出当事人自我感觉良好，还反映了他想要获取支配地位的心态。研究还发现，男人更喜欢用这种身体姿势。交谈的时候，如果对方采用这种姿势，那代表他自认为高你一等。他通常是想给你施压，或者故意营造出一种轻松自如的假象，以此麻痹你，让你错误地产生安全感，从而在不知不觉中踏上他预先埋好的"地雷"。

生活中表现自信的姿势还有很多，例如双手握紧放在背后，同时抬头挺胸，下巴微微扬起。这个动作表达的含义和头枕双手相类似。摆出此种姿势的人将脆弱、易受攻击的咽喉、胸口等暴露在你的视线之下，无意识中显示了他无所畏惧的胆魄，有一种"一切都在我掌握之中"的优越感。

寻求自我安慰的典型动作

当人们因遭遇挫折而情绪低落、失望沮丧时，会不自觉地借助各种不同形式的自我抚摸来安慰自己，给自己打气，例如用手挠挠头皮、梳理一下头发，并抚摸后颈。女性则通常会双手环抱着身体，用手摩挲手臂，这都是寻求保护、进行自我安慰的典型动作。

每个人都有亲密接触的欲求。女性在这方面的欲求大于男性，儿童大于成人——小孩子如果跌倒或者受到其他伤害，第一个反应就是让妈妈抱抱。身体上的亲密接触可以消除恐惧，让小孩子获得安全感。随着年龄的增长，成年人不能再像小孩子一样向别人索求拥抱，无法随时随地地得到亲密接触，因而以自我抚摸的方式来满足亲密接触的需求。常见的自我抚摸动作有以下几种：

头部的抚摸

比如抚摸额头、挠挠头皮、抚摸头发、轻捏脸颊、用手托脸，等等。

颈部的抚摸

抚摸颈部的前方、后方。女性尤其喜欢抚摸颈部前方，当她们听到让人不安的事情时，常常不自主地用手掌盖住自己的脖子前方靠近前胸的部位。

手部的抚摸

摩挲自己的手背、吸吮手指、咬指甲等。

当你发现女性出现这些下意识动作时，可以给对方适当的安慰和身体接触。但是不能太过，轻轻拍一拍对方的肩是最适度的安慰。因为虽然女性的这些动作是渴求亲密接触的表现，但强烈的戒心依然会让她们反感过度的接触。

脸部的抚摸

例如用手抹脸、轻捏脸颊、用双手捧着脸。

此外，前面提到的双手环抱也是自我抚摸的一种，在女性身上很常见。

除此之外，还有些动作看起来与自我抚摸扯不上关系，实际上也是一种间接的自我抚摸，比如撕纸、捏揉纸张、紧握易拉罐让它变形，等等。这种间接的自我抚摸也能刺激我们的触感。并且你可以发现，一个人的挫折感或者不安感越重，这样的动作出现的概率越大。人们似乎希望借这些动作来发泄，并稳定情绪。

交叉双臂，是为自己筑的一道障碍墙

绝大多数人对双臂交叉这个动作所代表的含义都有共识，那就是：否定或防御。我们常常会看到彼此陌生的人在感到不确定或不安全的时候摆出这样的姿势。两个站立的人在谈话时会出现这个动作，尤其是在身边皆是陌生人的公共场合，做出这一动作的可能性就会更大。

门铃响了，杰克打开门，看见推销员一脸谄媚的笑容。他不由得将双臂交叉抱于胸前，直直地瞪着推销员。杰克的姿势让推销员很失望。他说了一段广告词后，发现杰克还是这个姿势，于是悻悻地走了。

这是个有经验的推销员，他明白杰克的姿势代表什么，当尝试无果时就放弃了浪费精力的做法，去别的地方碰碰运气。

人们对所听到的内容持否定或消极态度的时候，通常会做出交叉双臂的动作。与人交谈时，如果看到对方摆出了双臂交叉的姿势，你就应该立刻意识到自己可能说了对方并不认同的观点。此时，对方即使口头上表示赞同你的观点，你也要明白，他不会轻易地走出自己的世界，而你也很难融入他的世界。

当发现对方摆出这种姿势时，你需要找出原因，对症下药，尽快使对方转变态度。如果你接下来的说话内容或说话方式能够得到他的认同，他自然就会打开双臂。

另外，与其在对方做出这个姿势后再考虑应对措施，不如让他一开始就没有机会使用这个动作。比如说，你可以在谈话前让他拿着什么东西，或是找一件事情让他做。被占据的双手是不方便做出这个姿势的，所以这个方法是最为方便快捷的。

交叉双臂这种姿势非常明显，所传达的信息也较为明确。所以，有些时候，我们就会有意识地使用一种较为不明显的方式——部分交叉双臂来代替。最为常见的部分交叉双臂的姿势是：把一只手臂从身体面前横过去，握住或摸着另一只手臂，从而形成一道较为隐蔽的屏障来保护自己。不可否认，部分交叉双臂的姿势要高明、隐蔽一些，但对方稍微留意，还是会心知肚明的。

还有一种比部分交叉双臂的姿势更隐蔽、更高明的双臂交叉姿势，即伪装起来的双臂交叉：把一只手臂从身体面前横过去，触摸袖口、提包、手表、手链或者是上衣口袋。如此一来，他便可以在身体面前形成一道屏障，使自己获得安全感。伪装起来的双臂交叉极具迷惑性，一般人很难看出来此姿势的真正含义。

还有一种强化的双臂交叉姿势更为明显。当一个人明显感觉到某种危险时，他就会在双臂交叉的同时紧握拳头，有时还会面红耳赤、咬牙切齿，以表示自己的敌意和防卫态度。一旦失控，很可能就会出现对对方口头或身体上的攻击。如果出现此种情况，产生敌意的一方应该尽量克制自己，不要与对方发生言语上的争执或是肢体上的冲突；另一方则应该迅速采取一些真诚、友好的姿势（比如面带微笑看着对方，同时摊开手掌等）来缓解对方的情绪。

双手叉腰：男性警告，女性炫耀

在美国西部牛仔电影中，总能看到这样的一幕：代表正义的牛仔昂首挺胸地面对敌人；他把大拇指插在胯部的口袋里，而把其余的指头露在外面；手臂在身体两侧弯曲着，就像我们平常的叉腰姿势一样。

西部牛仔摆出这种姿势是在告诉别人："我是个男子汉，我可以支配一切！"两手叉腰的姿势能让男性的身躯显得更加伟岸。为什么会有这样的效果呢？因为两手叉腰的姿势能够让人占据更多的空间，从而让人显得更加魁梧和显眼。

很多动物也会用一些办法让自己看起来更强壮。比如鸟儿会抖动自己的羽毛，鱼儿会吸入大量的水以促进身体膨胀，猫和狗会努力让身上的毛竖立起来，这些做法的目的都是使自身体积看起来更大，而更大的个头在动物界通常就是更有争斗力的表现。而人类无法使用这些方式达到目的，于是他们想出了另一种方法，这就是双手叉腰的站姿。

当男人感觉自己的领地被其他男性觊觎时，就会用这样的姿势发起无声的挑战。所以两手叉腰是一种明确的警告姿势，男性常用它来震慑对方。

就像鸟儿竖起羽毛一样，双手叉在腰上也能让我们看起来更加庞大。两个男人在站立谈话时，也常会摆出这种姿势。两人似乎是在很友好地进行谈话，事实上，却都在潜意识里使用这种姿势向对方传达信号："我才是控制者,你说话最好小心。"有时候,男性会把拇指塞进皮带或者裤子口袋里,其余露出的手指则指向生殖器部位——这种姿势表现的是一种攻击性态度。

这种叉腰的姿势在女性身上也能见到。比如时装模特在进行T型台表演时,会做出两手叉腰的动作,这是为了更好地展现女性魅力,从而为服装增彩。双手所放的位置是女性身体弧度较大的部位,也是极具异性吸引力的地方。女性在潜意识里明白这一点,所以这种姿势也可以看作一种炫耀性的动作。

所以,当我们看到一个人两手叉腰的时候,应该结合具体情境以及他在此之前的肢体语言来进行综合考量,这样才能做出准确的判断。

身体指向代表心理状态

在一种特定的姿势中，每个人都有自己喜好的身体指向，而这种指向往往与人的性格和心理状态相关。通常情况下，一个人的身体指向在每个场合都有较为明确的意义。比如，一个人头部低垂，身体前倾，双手紧紧交握在背后，迈出的步伐也非常慢，有时还会停下来踢路旁的空瓶子，或是捡起地上的一张碎纸片看看，然后又随手一扔，好像在自言自语地说："为什么不从另一个角度来看这件事呢？"从这个人的身体指向，以及他的一系列动作，我们可以知道他的心理状态：不要来打扰我，烦着呢。

为了更清楚地了解身体指向所表达的意义，我们可以假设这样一个情景：

你和几个同事坐在一起聊天。当你发言时，同事们都将身子靠在椅背上，静静地听着你说的每一句话。就在你说得眉飞色舞的时候，忽然，同事小张将身体冲着你前倾，小张的这一姿势可能会让你感到很不舒服。原因很简单，小张之所以会做出那样的姿势，是因为不同意你刚才说的话，打算反驳你的观点。他阐明自己的观点后，就会马上恢复原来的坐姿，同时，其身体也会转为朝向其他方向。

其实，这种情况在日常生活中很常见。比如，两个人交谈时，其中一个人想去买点东西，或是出去打个电话，就会有意识地把自己的身体朝向门口，并表现出前倾的姿势，以此来向另一方暗示：

对不起，我们可以先暂时停一会儿吗？我想出去一下。当另一方意识到他的这一意思后，会很乐意满足他的这一要求。当他办完自己的事情回来后，就会重新以一个认真交谈的身体姿势与对方继续进行交谈。再如，你与一个久未见面的朋友突然在机场相逢，两个人于是就在原地大谈特谈起来，好不爽快！没过多久，你发现朋友虽然在你说话时满脸笑容，却显得心不在焉。你低头一看，才发现他的脚和身体全都指向了安检口。顿时，你恍然大悟——原来朋友要去检票了。

同理，在各种商业谈判活动中，当一个人想结束谈判或是想离开时，他也会将自己的身体或两脚指向最近的门口，尽管他面朝着你，甚至还面带微笑。一旦在谈判过程中发现对方摆出此种姿势，就应该立即转换一个话题或是采取其他的方式，将对方吸引到谈判中来。如果对方维持此种身体姿势不变，你就应该适时结束此次谈判，以便自己可以控制整个谈判局势。

所以，与别人交谈或是谈判时，应该随时留意对方的身体指向。一旦发现对方将身体或脚指向最近的门口处时，应该及时转换一个话题，或是友好地征询一下对方的意见（有时，对方可能不是想和你中断谈话，而是不得不出去一下，比如上厕所、打电话等），以避免某些尴尬场景的出现。

相处的距离显示双方的关系

我们每天都要和他人交往，在这个过程中，保持距离、保证个人空间不受干扰就显得尤为重要。在现实中，个人空间体现在与他人相处时的距离上。距离的不同，显示出双方关系的不同。

亲密距离

这个交际距离大致是0～45厘米。这种距离会引起人们之间的身体接触，所以通常只在极亲密的人中间使用。若其他人进入这个区域，将会让自己产生被侵犯的感觉。

私人距离

非正式交谈时，如和友人聚会时，人们会保持此距离，大约为45～120厘米。这种距离通常在熟悉的人之间使用，显得双方既亲切又不过分亲密。

社交距离

在与陌生人打交道时，例如，在商贸谈判中，人们会使用这个距离，大约是1.2～3.6米。这一距离既能促进双方交谈，又不会有侵犯和不礼貌的嫌疑。

公共距离

当我们在众人面前演讲或发言时，使用的基本是这个距离，大约为3.6米以上。这一距离能使演讲者或发言者感到舒服，有畅所欲言的愿望。

"沟通中最强有力的乐器"

西方学者将声音称为"沟通中最强有力的乐器"。然而，很多人都不知道自己的声音能给别人带来怎样的韵律。心理学家研究发现，人与人之间30%左右的交流是通过说话时声音的语调、响度、音调等表达出的情绪内容来实现的。

语调

语调通常分为低沉与活泼两种。拥有不同语调的人，性格往往也大相径庭。

语调低沉的人，无论男女，都非常迷人。低沉的声音在表达的时候，给人以安全感，能让人展现最佳的状态，像磁铁一样吸引别人。拥有这种声音的人让人感觉聪明可靠，意志坚定而很有自信，被认为是正直的人。

语调活泼的人充满热情。他们性格开朗而直率，给人精力充沛的感觉。热情的语调在吸引异性的时候，具有较大的优势。他们的声音让别人觉得他们很友好，并吸引那些快乐和乐观的人。

响度

声音的响度主要分为高亢与低柔两种，每一种对应着不同的性格。

说话声音高亢的人通常有些神经质，但富于创意，想象力极强，从不轻易服输，讨厌受人摆布，好为人师。他们对熟悉的环境有强烈的依赖性，若变更睡眠地点，则很容易睡不着。而他们一旦执着于某件事，会不惜一切代价去完成。这类男性通常个性狂热、性情冲动；女性多半情绪波动不定，对人爱憎分明。

说话声音低柔的人比较容易自卑，做不出有影响力的决定。他们常常觉得自己的话语不值得被别人听见，内心忧郁而矛盾。研究发现，这类人多在内心深处怀有一种深沉的悲伤。他们看起来很害羞、很安静，却也常常因失去理性而发脾气。

音调

音调一般分为高、低两种。音调高的人与音调低的人在性情方面大不相同。

说话音调低的人，给人一种浪漫优雅的美感，尤其是男士，会让女士觉得既优雅又性感，给人以有能力、稳重的感觉。不过，若男性将声音压得过低，则说明他没有安全感，认为自己用更低沉的声音说话别人会更尊重自己。实际上，故意压低声音很容易使人感到虚伪和做作，甚至令人讨厌。

讲话的声音反应态度

每次谈话实际上都会有两种对话产生：一种是使用言辞的，一种是使用声调的。

有时候这两者很契合，但通常并非如此。当你问对方："你最近怎么样？"得到的回答是："挺好的。"你通常不会凭借这句"挺好的"来判断他的感受，而是会凭借他在说话时声音的音调、节奏、速度等来判断他是真的好还是不好。

例如：音调低、节奏缓慢，说明他最近不是很好；相反，音调高、速度较快，则说明他最近真的挺好的。怎么样说话比说什么样的话更重要，因为我们的态度不是经由言辞，而是经由讲话的声音表现出来的。

有时候人们迫切需要自我表达，却不想直接说出来。所以，你很少会听到诸如"你伤害了我的感情""我好难过，希望你能帮我减轻痛苦""我的工作让我感到沮丧，我需要你来听我诉苦"之类的话。

但是你会从人们的声调中听出这样的信息。对方会叹息，会缓慢地说话，或者简短地回答问题，并配以低沉无力的声调来表达。于是，你就能从中知道对方真正的情绪和态度了。

声调的作用很大，尤其是在电话、广播等看不到对方的交流形式中。

以广播为例，通过电波，主持人的声音传到你的耳中，你从中可以得知主持人对所说内容的态度：是赞成还是怀疑，是喜欢还是厌恶，是热情还是冷淡。

所以，即使无法展现自己的形象，电台主播们还是以他们的声音征服了很多听众。

声音的重要性远远超过了言辞，而在交流中我们通常把注意力放在言辞而非声音上。这是片面的。

一个放大说话音量的人，通常有控制局面的目的。大声说话是独断、强制且具威胁性的行为，所以想支配或控制他人之人，讲话通常很大声。大部分人认为说话音量大是自信的表现，但有些人大吼大叫，是因为害怕如果轻声细语，没有人会听得见。

说话小声的人可能会被认为缺乏信心或优柔寡断，但是事实有时并非如此。轻柔的声音可能反映出平静的自信，说话者只是认为没有必要支配谈话过程。要是对方说话总是轻声细语，请注意他的抑扬顿挫之处是否适当。当在场的人听不清楚的时候，他是否努力放大音量。如果不是，也许他不够细心，不会体贴别人，或者骄傲自大。如果他持续轻声细语，并伴随着不舒服的肢体语言，比如缺乏眼神接触、转过身去或扭过脸，这就是不舒服的象征以及自信心缺乏的表现。

人的声音高低是天生的，但是人们通常会为了一些特定的理由提高或降低音调。当特别害怕、痛苦、兴奋时，大多数人的声音会提高；有些人为了引诱别人，会明显地降低声音；当一个人伤心、沮丧或者疲倦时，音调也会降低。

声音只能透露一部分情感，如果配合以对肢体语言的观察和对说话内容的体察，通常就能掌握对方真实的情绪。对方的声音、说话内容和肢体语言如果协调一致，你就能轻易分析出他的感觉，并预测他会对不同情况做出何种反应。要是对方的声音与说话内容或身体语言相冲突，你就得依据一般模式推论可能的原因，以免妄下断语。

例如，声音的强调通常伴随着肢体语言的强调。说话者强调某个字句时，可能会出现身体向前靠、点头或比画手的动作。因此，如果你能在倾听时，顺道观察肢体语言，即使是细微的变化也难逃你的法眼，对方的任何一点小心思都能被你掌握。

语速快慢体现说者的心态

　　人与其他动物相区别的主要特征之一就是有自己的语言。语言系统是一套音义结合的复杂系统。人在说话时，既是在进行一种思想的交流，又在不经意间流露自己的心理、感情和态度。其中，语速的快慢直接体现出说话人的心理状态。

　　一个人说话的语速可以反映出他的心理健康程度。一个心理健康、感情丰富的人在不同的环境下会表现出不同的语速。譬如说，朗诵一篇富有战斗激情的散文时，人们会加快语速；而朗诵一篇优美抒情的散文时，人们又会用一种悠扬、舒缓的语气来表达那种美感。

　　在平时的生活、工作中，每个人也都有自己特定的说话方式、语言速度。这是每个人长期以来形成的特征，是客观固有的，而且长期存在。

　　在现实生活中，我们可以更微妙地领略语速透露出的各种丰富的心理变化。我们可以根据一个人说话时的语速快慢，判断出他当时的心理状态。如果一个平时伶牙俐齿、口若悬河的人面对某个人时，突然变得吞吞吐吐、反应迟钝，那么，他一定是有些事情瞒着对方，或者做错了什么事情，因而心虚、底气不足。

　　也有一些特例。如一位男士在别人面前都能够谈笑自如、幽默风趣，保持着平常的语速，一旦面对喜欢的女生，他马上变得不知所措，不知道要说什么，说起话来也仿佛嘴里有什么东西，含含糊糊，一点都不连贯流畅。这样的信号告诉我们：他喜欢她。

一个平常说话慢慢悠悠的人面对一些不利的言论时，如果用较快的语速大声地进行反驳，那么这些不利言论很可能都是无端诽谤；如果支支吾吾、吞吞吐吐，半天说不出话来，那么这些指责很可能就是事实。当一个平时说话语速很快或者中等的人突然放慢了语速，那么，他一定是在强调什么东西，或者想吸引他人的注意。

辩论赛的时候，每个辩手都会尽可能快速且流畅地表达自己的观点。如果能够在语速上胜对手一筹，不仅可以杀杀对方的锐气，也可以增加自己的信心。然而，有些人在面对别人伶俐的口舌、独到的见解、逼人的语势时，或沉默不语，或支吾其词，一副笨嘴拙舌、口讷语迟的样子，他很可能是产生了卑怯心理，对自己没有信心，又或者被对方说中了要害，一时难以反驳。出现此类窘境，不仅有碍自身能力的发挥，也助长了对方的气焰。

语速可以很微妙地反映出一个人说话时的心理状况，留意他的语速变化，你就能发现对方的内心变化。

提问的方式有助了解对方

最简单的了解别人的办法就是提一些恰当的问题。对方往往会凭借你的提问方式，决定如何向你展示自己的情绪和心理。所以，注意提问的方式，将有助于你更好地了解对方。

奥斯卡·维尔德曾经说过："绝对不要冒失地提问。要在适当的时机提出自己的问题。"人们常常倾向于根据自己的感觉来提出一些问题。但是有的时候，这种问题并不是对方能接受的。

如果你完全出于好奇心，或是出于喜爱耸人听闻的事情的心理，你提出的问题会使别人感觉好像自己在被人寻根问底，被人利用，甚至可能感觉自己受到伤害。因此他根本不会对这样的问题感兴趣，当然也不会做出详细的回答，你想了解他的目的也会落空。

当你粗鲁地向他人提问时，对方会觉得自己的私人领域受到侵犯，精神上受到伤害或者侮辱；而审查性的提问则使别人感觉自己被人审查，被逼入某种困境，因而会拒绝交流；诱逼性的提问很有可能引导别人做出回答，但这种问题对双方而言都没有什么意义，因为你根本得不到真诚的回答；追根究底的提问会导致对方产生防备心理，不利于交流。

那么，如何正确地提出问题呢？

你提出的每一个问题，都要清楚明了地表达出自己的真正意图

如果你希望从别人那里得到一个简短精确的回答，就应该使用所谓的"封闭性提问"或者是"选择性提问"。例如："你现在想要冰激凌吗？"对于这样的问题，任何人给出的答案都只会是"是"或者"不是"。但是如果你希望双方能够进行一次深入细致的交流，那么这一类只能回答"是"或者"不是"的提问方式，难免就显得有些力不从心了。

如果你希望从交谈对象那里得到一些更加确切的回答，但同时又不想给对方造成太大的压力，那么可以选择"半开放式的提问"或者说是"关联提问"。例如："你为什么不喜欢这部电影？""你为什么非得现在开始休假呢？"在这样的情况下，对方的回答是比较自由的，可以讲得多一些，也可以讲得少一点；可以相对详细一点，也可以只是简单介绍一下。

如果你并不希望给予对方任何暗示，也不想太多地表露自己的意图，而只是希望给予对方尽可能大的选择空间，那么你可以使用"完全开放式提问"。例如："你最近过得怎么样？"

如果你希望让对方觉得你是在设身处地为他着想，那么你可以使用"具有感染力的提问方式"。例如："这两天我觉得你有一点无精打采，我想，可能是你的工作压力太大了。你觉得把我们的约会稍稍往后面推迟一点点，对你来说会不会要好一些呢？"

通过这种提问方式，你不仅给自己留下了回旋的余地，以便应对各种可能发生的变化，也给对方留下了一种印象：你对他很关心，能够体察到他身上的问题。

同一个问题可以用不同的方式进行表达，那些一眼看上去完全相同或者类似的问题，往往会产生不同的效果。不妨好好感受一下下面这些简单的问题：

——咖啡？

——要不要喝一杯咖啡让自己清醒一下？

——要不要喝一杯咖啡?

——你愿意和我一起去喝一杯咖啡吗?

——现在你不想来一杯咖啡吗?

——你觉得现在喝一杯咖啡对你会不会有好处呢?

——我觉得你现在需要喝一些东西,来杯咖啡怎么样?

提问题要客观,切忌用自己的观点来解说从别人身上看到的现象

想准确地了解别人的心理,要避免用自己的观点来解说从别人身上看到的现象。如果你仅仅根据自己的经验对别人的状况做出判断,出于礼貌,对方通常会给你一个合乎情理的回答。而这种回答很可能不是你想了解的实情。

一个事业有成的男人到他的心理医生那里进行治疗,医生说:"你能告诉我你有什么问题吗?"

该男子提到了他在生活和工作中负担过重的问题:他要做的事如何之多,每天要完成多少工作,处理多少大大小小的问题,根本没有留给自己的时间。

他的心理医生耐心地倾听着,最后,他问道:"你对我说你每天都要承受很重的负担。可是为什么你在讲述这一切的时候,脸上始终洋溢着自豪的表情?"

通过提问和观察,医生很快就意识到,在生活中追赶该男子的并不是这些工作——虽然他的工作的确很多——真正的问题在于,他需要这么多的工作来维持这种大人物的感觉。他很自豪他是如此重要,有那么多的事情要他去做,有那么多的人需要他的帮助。

医生并没有给该男子一个结论性的回答,只是陈述了一个客观事实。最后,该男子更加详细地告诉了医生他的症状,医生给了他一个准确的治疗方案。

对每一个希望了解别人的人来说，有一个根本的交谈原则就是：你只需要提出你看到的和感觉到的，而不要根据你自己的所见所闻，总结出解决别人的问题的办法。比如你应该这样说：

——"你今天脸色苍白。"（而不是"今天你看上去好像很累"。）

——"你今天根本不能安静地坐下来。"（而不是"你今天非常激动，烦躁不安"。）

——"你今天一点儿也不健谈。"（而不是"你今天怎么又发脾气了"。）

——"你今天穿得很时髦，很漂亮。"（而不是"你今天是不是与男朋友有约会啊"。）

为什么前一种表达方式比后一种要好一些？非常简单，你从别人身上观察到的表现，可能对应很多的事实。比如说某人脸色苍白，可能是因为疲劳，也可能是由于生病，或者是化妆所致。真正的原因应该由对方对你说——如果他愿意说的话。

你看，在提问时，不同的提问方式相互之间只有很细小的差别，所表达的意思几乎是一样的，但是对于比较敏感的人来说，可能就大不一样了。对方可以通过你的提问，了解你的意图或者愿望，对你的感觉可能也会随之而有所不同。他们往往会凭借你的提问方式，决定如何向你展示自己的情绪和心理。

有效说话的软本领

成功学大师戴尔·卡耐基说过，当今社会，一个人的成功，仅仅依靠技术知识是不够的，还需要发展人际关系及有效说话等软本领。这里所说的有效说话的软本领即我们通常所说的口才。

同样的内容由不同的人来表达，产生的效果也会大有不同。也就是说，我们所说的话是否具有影响力，"如何说"尤为重要。这是因为，我们所说出来的每句话，除了包含字和词之外，还包括很多其他因素，例如音量、音调、语速、强调、停顿以及沉默的瞬间等等。说话的方式在很大程度上决定了沟通的效果。

为了宣传阿里巴巴，1999至2000年，马云不断参加全球各地尤其是经济发达国家的商业论坛，宣传他首创的B2B（企业间的电子商务）思想。马云是一个疯狂的演说家，一个月内可以去三趟欧洲，一周内可以跑七个国家。每到一地，他总是不停地演讲。他在BBC做现场直播演讲，在麻省理工学院、沃顿商学院、哈佛大学演讲，在世界经济论坛演讲，在亚洲商业协会演讲。

无论在哪儿演说，马云总是充满活力和热情。他挥舞着他那双手，对台下的听众大声叫道："B2B模式最终将改变全球几千万商人的生意方式，从而改变全球几十亿人的生活！"

很快，马云和阿里巴巴在欧美声名鹊起。来自国外的点击率和会员呈暴增之势。《福布斯》和《财富》这些重量级的财经媒体也开始关注马云和阿里巴巴。

就这样，马云通过富有激情的演说达到了宣传阿里巴巴的目的。

马云"6分钟融资"的故事，在商界也是广为流传。

据说孙正义投资阿里巴巴，也正是因为马云6分钟的演讲让他看到马云独特的领导气质。

正如孙正义所说的，在马云的演讲中，真正打动别人的并不是他的讲话内容，并不是他在短短的6分钟内概述出来的公司定位和发展计划，而是他热情丰富的肢体语言，让别人从他的表情、手势、动作以及声音中感受到了一个优秀企业家所具有的自信、魄力以及激情。

以身体语言来表达自己的思想是人类与生俱来的能力。而通过对身体语言的洞察，我们可以更加深刻地了解一些现象背后的秘密，也可以通过恰当地运用身体语言对别人产生有效的影响。

因此，如果你想给别人留下好的印象，就要注意自己的身体语言。在与人交往的过程中，要注意自己的站姿、手势。如果在交谈中扯衣角、抓头发等，别人可能会觉得你很不耐烦，不愿意与你继续交谈下去。要是你双臂交叉抱在胸前，别人可能会觉得你对他抱有敌意，因而在心理上与你产生距离。所以在交往中，一定要注意自己的身体语言，避免语言和行为出现矛盾，让别人产生厌烦感或者不信任感。

要想提高沟通能力，必须学会巧用身体语言。注意下列事项，对自己的肢体加以控制，就能做到用合适的视觉信号强化自己的语言信息：

——每一个字、每一句话都有它的意义，要懂得在什么时候配上恰当的面部表情。

——无论面部表情多么平静，只要叉着双臂或抖动着双膝，都会明白无误地显露内心的不安。

——持续时间少于0. 4秒的细微面部表情也能显露一个人的情感，会立即被他人所识破。

——如果交谈时的距离不足5尺，会让对方产生局促不安的感觉；如果交谈时的距离达到6尺或更远，对方就会觉得你不在乎他。

——沟通时看着别人的眼睛能防止对方走神，更重要的是，能让你看起来值得信赖。

——微笑能使人们觉得你和蔼可亲。真心的微笑能从本质上改变大脑的运作，使自己身心舒畅起来。

身体语言既可能产生好的影响，也能产生坏的影响，这就要看怎么把握了。无论是言谈还是举止，都要时刻注意，做到言行一致，尽量让身体语言发挥积极的作用，这样才会让人有信任感，也会增强自己的自信，使自己走向成功。

谈话风格体现人物性格

每个人在日常的人际交往中都会逐渐形成一套自己的谈话风格。从对话题的偏好、回答问题的方式等可以看出一个人的性格特点。

由话题知心理

人们的内心世界常常会通过谈论自己关心的话题而不自觉地呈现出来。想要了解一个人的性格、气质、想法等，不妨观察他常说的话题。

话题偏重自己或家庭的人，自我意识较强，属于自我中心主义者。比如，与中年妇女交谈时，她们的话题多是自己，有时也谈论丈夫或孩子——她们把丈夫或孩子看成了自己的化身，谈论他们也等于在谈论自己。对于这样的中年妇女，你要作为一个倾听者出现，承认她们是贤惠的妻子、伟大的母亲。

许多年轻小伙子最爱谈论的话题是车子——虽然他们中的大多数人暂时还买不起心仪的车子。他们那么热衷于谈论车的品牌、配置、外观等，无非在表示自己将来有能力购车，或者是显示自己对车这一时髦话题懂得很多罢了。因此，你要聚精会神地听他们侃车，偶尔再向他们请教几个问题，最好不要摆出讨厌或不耐烦的脸色。你的耐心就可以满足他们的虚荣心。

有些女性虽然已过少女期，但也常常喜爱谈论"恋情"或"爱情"的事情，这表示在她内心隐藏着对性的欲望。

如果对方时常愤愤不平地埋怨薪水微薄，那么你要明白，薪水微薄只是借口而已，真实原因是他对自己的工作并不热爱；如果不断谴责领导的过错或无能，事实上是说明他自己想要出人头地。

有的人常常无视别人的谈话内容，故意扯出与主题毫不相干的话题，这种人通常怀有强烈的支配欲与自我展示欲。

礼貌的程度和两人的心理距离成正比

虽然与你交情不是很深，却用很亲密的口气和词语跟你说话的人，多半是对你有好感，想要快点和你成为好朋友，而且个性直爽坦率。如果两人刚好很投缘的话，会成为好朋友。而那些不论见过几次面，口气还是一样有礼貌的人，只是想和你保持工作上的联系，或一般朋友的关系。当然也有人习惯于封锁内心，警戒心很强，无法深入与他人交往。

说话时语气非常有礼貌的人，内心可能瞧不起你。太礼貌的人给人一种冷漠感，熟识的朋友之间会用很随便的语气对话，甚至互相戏弄。

从反驳的方式了解性格

交谈中如果双方的观点不一致，为了表达自己的观点，往往需要反驳对方。不同的人反驳的方式也会不一样。

直接反驳对方"不是那样"的人，非常看重自己的主张，一旦坚持起来就会不顾一切。

有的人反驳对方的时候会说："就是啊，不过……"首先表示认同，然后再说出自己主张，比起"不是那样"温和多了。这种稳健诚恳的应答不容易引起纠纷，不仅能避免对立，也仔细传达了自己的看法。性格端正而认真的人，通常就是这样应答吧！

有的人在反驳时常用"所以说"这个词，言下之意是"都已经说到这种程度了，难道你还不明白吗"。这种深信自己的头脑比较好的超有自信的人，有时也会因妄自尊大而一意孤行。

　　"察言"是一门很有技巧的学问。人内心的思想，有时会不知不觉从口头上流露出来。因此，在交谈过程中，只要我们留心，就可以从中感知一个人的内心世界。

礼貌过度会让人反感

保持适当的心理距离是人际交往成功的一个必要条件。语言可以拉近或推远相互之间的心理距离，有分寸地使用恭敬的语言是很重要的。这类语言要依据时间、场合、目的微妙地表达，均衡地加以运用。俗话说"过犹不及"，如果言辞过于恭敬反而显得不当。

适度的礼貌是维系良好人际关系的方法之一，但是"殷勤过度，反而无礼"，礼貌过度反而会让人反感。法国作家拉伯雷说过："外表态度上的礼节，只要稍具有知识即能充分做到；而若是想表现出内在的道德品行，则必须具备更多的气质。"那么，从言辞到行动总是恭恭敬敬的人，也许正是欠缺了某些气质。

这些人在与人交往的时候，总是低声下气，始终用恭敬的语言、赞美的口气说话。初交时，他人也许会有不好意思的感觉，但绝不会对这些人产生厌恶之情。然而，随着交往的日益深入，他人便会逐渐察觉这种人的真实态度，而且会气恼不已，对他的评价大多变为："那家伙原来是个口是心非、表面恭敬的人！"

这种人在幼儿期一定受到过双亲严厉而又错误的教育，尤其在有关礼节方面。因此，那些在一般人看来可以容许的欲望，却不为他们的良心所许可，导致他们产生了恐惧、罪恶和不安等感觉。于是，他们便将种种欲望、冲动和情绪全压抑在内心深处，死死禁锢着。但是，被压抑的欲望、冲动和情绪越积越多，总有一天会形成强大的攻击冲动发泄出来。他们觉察到这一点，为求掩饰，便启动心理防卫机制——对人更加恭敬。这等于说，这类以令人难以忍受的过分谦恭的态度对待别人的人，内心往往郁积着强烈的攻击欲。

日本语言学家桦岛忠夫说："敬语显示出人际关系的亲疏、身份、势力，一旦使用不当或错误，便扰乱了彼此应有的关系。"在无关紧要或特别熟悉的人际关系中，我们根本没有必要使用恭敬语。而且，在很亲密的人际关系中，如果对方突然使用恭敬语对你说话，你就得小心了：你们之间是否出现了新的障碍？如果对方在交谈中常常无意识地使用敬语，则说明你们之间的心理距离很大。过分地使用敬语，就表示有激烈的嫉妒、敌意、轻蔑和戒心。所以，当一个女人对男人说话时，若使用过多的敬语，绝对不是表示对他的尊敬，反而是表示"我对他一点意思也没有"，或是"我根本就不想和这类男人接近"等强烈的排斥心理。

如果你和某位朋友已经交往很长时间，双方也很了解，但是，对方依然在运用客气与亲切的言辞，说话也十分谨慎，那么，对方如果不是暗藏苦闷，就是怀有敌意。也有人故意使用谦逊的言语，企图利用这种方式闯进对方心里，突破对方心中的警戒线。实际上，他们的真正动机在于掌握对方，达到某种愿望。

打招呼方式对应不同的性格

美国心理学家斯坦利·弗拉杰博士声称，从一个人打招呼的习惯用语中，可以看出很多东西。通过对大量打招呼方式的研究，他发现，性格类似的人与人打招呼的方式也非常相近。

下面，我们总结了七种人们惯用的打招呼方式，它们分别对应着不同的性格特征。

"你好！"

这样的人大多头脑冷静，只是有点迟钝。他们对待工作勤勤恳恳、一丝不苟，能够把握自己的感情，不喜欢大惊小怪，深得朋友们的信任。

"喂！"

此类人快乐活泼，精力充沛，直率坦白，思维敏捷，具有良好的幽默感，善于听取不同的见解。

"嘿！"

这类人腼腆害羞，多愁善感，极易陷入尴尬为难的境地，经常由于担心出错而不敢做创新和开拓的事情。他们有时也很热情，讨人喜爱，当跟家里人或知心朋友在一起时尤其如此。他们晚上宁愿同心爱的人待在家中，也不愿在外面消磨时光。

"过来呀！"

这种人办事果断，喜欢与他人共享自己的感情和思想，好冒险，不过能及时从失败中吸取教训。

"看到你很高兴。"

这种人性格开朗，待人热情、谦逊，喜欢参与各种各样的事情，而不是袖手旁观。他们开朗活泼，是十足的乐观主义者。不过，他们喜欢幻想，常被自己的情感所左右。

"有啥新鲜事？"

这种人雄心勃勃，好奇心极强，凡事都爱刨根问底，弄个究竟。他们热衷于追求物质享受，并为此不遗余力。他们办事计划周密，有条不紊。

"你怎么样？"

此类人喜欢出风头，希望引起别人的注意，充满自信，但又常常陷入深思。行动之前，他们喜欢反复考虑，不会轻易采取行动。而一旦接受了一项任务，他们就会全力以赴地投入其中，不达目的誓不罢休。

说话方式体现个性特点

每个人的说话方式都不同，不同的说话方式体现了不同的个性特点。如果你的身边有以下几种类型的人，你就要小心提防了：

吹嘘有靠山的人

到处吹嘘自己有靠山的人总是喜欢自动把这个"秘密"得意扬扬地说出来。他们吹嘘的内容，大致如下：

"我在某部门可畅通无阻。因为该部门的负责人是我的近亲，所以，要打通关节，简直易如反掌。"

"某医科大学有几位与我交情匪浅的大教授，如果你的孩子想进那所大学，我可替你牵线……"

对这种人，你绝对要小心。因为，当你真的想请他促成某一件事时，他一定会说下面的话：

"介绍某某跟你认识当然可以，但你打算出多少钱作见面礼？"

"进医科大学，可得花一大笔钱。"

如果你详加调查，就会发现如下事实：他说的近亲，原来是虚构的人物；他说的交情匪浅的教授，根本就不屑与他为伍；他说的某某，根本就不认识他。

轻易许诺的人

这种类型的人，他们答应别人的要求时，总是毫不犹豫、轻松愉快，但事后却几乎都是不了了之。

这些一开始就没有替人办事的真心却一律应诺的人，应被划入危险人物之列。对这种人千万不能轻信，否则，你将遭到意想不到的损失。

言谈举止因人而异的人

与客户应酬花公司的交际费时，如上司不在场，总是把最贵的威士忌当茶猛喝；如上司在场，就说："我喝啤酒就好了。"

在部属面前，总是摆出科长的臭架子，一副唯我独尊的样子；在上司面前就摇身一变，像伺候国王那样毕恭毕敬。

这类因对象的不同而改变态度的"善变型"人物，也该被划入不值得信赖的危险人物之列。当他貌似诚恳地对你说："这件事情的真相，其实是这样的……"或是说："这个秘密我只对你说……"你千万不要因他诚恳的口气而轻信。因为他在别人面前，八成也会说这种话。换句话说，他是个"一口两舌"的撒谎者。

这一类型的人，具备"善变"的本领，而且天天琢磨此技，其编造谎言、假装正经的技巧越来越高明。虽然在目前，他好像不会让你受害；但你若太大意，有朝一日，定会掉进他的圈套里。

搬弄是非的人

不要以为把各种小道消息告诉你的人便是你的朋友，他们很可能是希望从中得到更多的谈话材料，从你的反应中再编造故事。所以，聪明的人不会与这种人推心置腹。而令他们远离你的办法，是对任何有关你的传闻反应冷淡。

如对方总是不厌其烦地把不利于你的消息辗转相告，对你的情绪造成很大的负面影响，你应拒绝和他见面或不接他的电话。总之，此类人不宜过多交往。

嘴巴甜的人

这种人开口便是大哥大姐，叫得又自然又亲热，也不管和你认识多久；除此之外，他们还善于恭维你，把你哄得麻酥酥的。这种人因为嘴巴伶俐，容易使人毫不设防。如果他图谋不轨，陶醉于甜言蜜语的你很容易上当。而且，你可能会因为他的奉承而不去注意他品行上的缺点，容易把小人当君子，把坏人当好人。

所以，碰到嘴巴甜、会奉承的人，你必须拉起你的警戒网，和他保持距离，以便好好观察。如果你能冷静地不予热烈回应，对方便会自讨没趣，露出原形。不过，为了避免"以言废人"，你不必先入为主地拒他于千里之外，但是需随时警醒。

隐忌掩饰的人

这种人好像没有脾气，你骂他、打他、羞辱他，他都笑眯眯的，有再多的不高兴，都藏在心里，让你看不出来。他们把自己隐藏起来，不让你知道他的过去、家庭、同学，也不让你知道他对某些事情的看法。换句话说，他们是深沉莫测的人。你搞不清楚这种人心里在想些什么，也搞不清楚他的好恶及情绪波动。碰到这种人，真的让人无从应对。也因此，如果他对你有不良的企图，你是无从防备的。因此对这种人，你要避免表露内心的秘密，更不可和他谈论私人的事情。与这种人保持礼节性的交往，他打哈哈，你也打哈哈；同时，也要避免做出得罪他的事。

注意说话者的"弦外之音"

中国有句老话"说话听声,锣鼓听音",指的是要注意说话者的"弦外之音"。因为生活中有大量的话不好意思或者不方便直接说出来,于是人们就会采用一语双关、含沙射影等颇具艺术性的语言,靠暗示来表达。这种情况下,我们就需要结合当时的语境与说话者的情绪来推断其内心的真实想法。

一家大公司要招一个财务总监,前来面试的人很多,经过初试、复试,最后只剩下五个人。在最后一次面试中,面试官问了他们一个问题:"你怎么样能帮公司逃掉300万元的税?"

大家都绞尽脑汁地想办法,第一个应聘者说可以做些手脚;第二个应聘者说可以那样做一下账,绝对不会被发现……听了这些答案后,面试官什么也没有说,只是让他们回家等通知。

最后一个应聘者进来后,面试官问了他同样的问题。这个应聘者听完一愣,沉吟了一下,说:"如果真的必须这样,那么对不起,我退出。我想贵公司的这个职位不适合我。"说完他起身准备告辞。这时,面试官站起来冲他笑了:"请留步,你是这次来应聘的人中最有原则的,你通过了最后的考试。我相信你会把这份工作做得非常出色,欢迎你加入我们!"

对于面试官的提问,应聘者千万不可疏忽大意,一定要琢磨一下面试官的"话中话"。为了全方位掌握应聘者的思想或者职业素养,许多面试官就喜欢"攻其不备",旁敲侧击,以确定你是否就是他们要的人选。

应聘者还应注意，在有限的面试时间里，面试官不会有闲情逸致聊与主题无关的东西，对于一些原则性的问题，你绝不能给予拖泥带水的回应。

某中学校长到某大学选毕业生，欲招聘几名教师和校刊编辑。一位新闻系的学生前来应聘。一见面，这位中学校长便说："你们学的是编辑专业，但我们校刊是一份小报，我想多少有些大材小用。你大概是打算到我们这儿来积累经验，然后跳槽到大报社去吧？"

这名学生见校长笑容和蔼，没听出校长说这话的深意，也就没对这话做出回应，只是笑了笑。其实，这个学生根本没有跳槽之意，但校长以为他默认了自己的推测，就马上把他否决了。

生活中，有一部分人总是关注自己的外表。和他们交谈你会感觉有些喘不过气来，他们总是在纠结"是不是长胖了""脸上是不是起痘痘了"等问题。他们究竟出于什么心理，要向你坦言自己"长胖了"或"起痘了"呢？

假设你有个久没见面的朋友，他非常胖，你从前没少拿他的胖开玩笑。如果有一天你们在街上重逢，他多半会抢先说："我是不是又胖了啊？"是的，他是在先发制人，因为他不了解你的感受，过胖的阴影又使他忐忑不安。他总有一丝担心："好久不见了，你不会又说我胖了吧？干脆我先说出来封你的嘴吧！"

其实这样的人既自我又自卑。他总是觉得别人会把目光放在自己的身上，同时，又觉得自己身上有不完美的地方。他虽然直言自己长胖了，心里却十分渴望能得到你的否定回答。如果你说"你哪里胖了，明明瘦了嘛"，他会笑得连耳朵都红了。

5

Chapter 5

服饰背后的秘密

服饰上的色彩心理学

把色彩心理学的研究应用到服饰上，确实能达到某些实用性的效果。服饰的色彩是抽象的语言，它能在你开口讲话前，就传递出一些特定的信息给对方，让对方产生相关的联想，甚至引起某些细微的反应。

一般而言，"中性色"是最实用的颜色，适合用来当职业穿着的主色。

心理学家经过研究表明，不同性格的人对衣服颜色的喜好也会有所不同。

经常穿五颜六色、款式独特的衣服的人，虚荣心比较强，喜欢成为众人的焦点，爱表现，张扬，但太趋于流俗。这类人特别任性，不听他人的意见，有独断专行的特点。他们爱自作聪明，其实很愚蠢，往往把事情搞得更糟糕。

经常穿单一色调衣服的人大多比较正直、刚强，理性思维较强，感性思维较弱。

经常穿深颜色衣服的人不太爱说话，性格比较稳重，显得很有城府，很老练。他们遇到事情的时候能够沉着冷静，深谋远虑，一般人不是他的对手，最好不要与他耍心计。

经常穿淡颜色衣服的人个性比较开朗、活泼，擅长交际。

总而言之，颜色会对人的心理产生各种影响，如果想给他人留下一个好印象，就要选对自己衣服的颜色。下面就具体介绍下各种服饰的色彩所代表的含义。

灰色

灰色象征诚恳、沉稳、考究。其中的铁灰、炭灰、暗灰，在无形中散发出智能、成功、权威等强烈信息；中灰与淡灰色则带有哲学家的沉静。

当灰色服饰质感不佳时，整个人看起来会黯淡无光、没精神，甚至给人造成邋遢、不干净的错觉。灰色在权威中带着精确，特别受金融业人士喜爱。当你需要表现成功、权威、诚恳、认真、沉稳等时，可穿灰色衣服。

白色

白色象征纯洁、神圣、善良、信任与开放。但身上白色面积太大，会给人疏离、梦幻的感觉。当你需要赢得做事干净利落的信任感时可穿白色上衣，像基本款的白衬衫就是粉领族的必备单品。

黑色

黑色象征权威、高雅、低调、创意，也意味着执着、冷漠、防御，视服饰的款式与风格而定。

黑色为大多数主管或白领专业人士所喜爱，当你需要展示极度权威、表现专业、展现品味、不想引人注目或想专心处理事情时，例如高级主管的日常穿着、主持演示文稿、在公开场合演讲、写企划案、创作、从事跟设计有关的工作时，都可以穿黑色。

红色

红色象征热情、性感、权威、自信，是种能量充沛的色彩——全然的自我、全然的自信、全然的要别人注意你。不过有时候会给人血腥、暴力、嫉妒、控制的印象，容易给人造成心理压力。

因此，与人谈判或协商时不宜穿红色；预计有火暴场面时，也请避免穿红色。当你想要在大型场合中展现自信与权威的时候，可以让红色单品助你一臂之力。

粉红色

粉红象征温柔、甜美、浪漫、没有压力，可以软化攻击，安抚浮躁。比粉红色更深一点的桃红色则象征着女性化的热情，比起粉红色的浪漫，桃红色是更为洒脱、大方的色彩。

在需要权威的场合，不宜穿大面积的粉红色，并且需要与其他较具权威感的色彩做搭配。而桃红色的艳丽则很容易把人淹没，也不宜大面积使用。当你要和女性谈公事、提案时，或者需要源源不绝的创意时，安慰别人时，从事咨询工作时，粉红色都是很好的选择。

蓝色

蓝色是灵性、知性兼具的色彩。明亮的天空蓝，象征希望、理想、独立；暗沉的蓝，意味着诚实、信赖与权威；正蓝、宝蓝在热情中带着坚定与智慧；淡蓝、粉蓝可以让自己，也让对方完全放松。

蓝色在美术设计上，是应用最广的颜色；在穿着上，同样也是最没有禁忌的颜色，只要是适合你的蓝色，并且搭配得宜，都可以放心穿着。想要使心情平静时，需要思考时，与人谈判或协商时，想要对方听你讲话时，都可穿蓝色。

褐色、棕色、咖啡色系

典雅中蕴含安定、沉静、平和、亲切等意象，给人情绪稳定、容易相处的感觉。没有搭配好的话，会让人感到沉闷、单调、老气、缺乏活力。

当需要表现友善亲切时可以穿棕褐、咖啡色系的服饰，例如参加部门会议或午餐汇报时，募款时，做问卷调查时。当不想招摇或引人注目时，褐色、棕色、咖啡色系也是很好的选择。

绿色

绿色给人无限的安全感，在人际关系的协调上可扮演重要的角色。绿色象征自由和平、新鲜舒适；黄绿色给人清新、有活力、快乐的感受；明度较低的草绿、墨绿、橄榄绿则给人沉稳、知性的印象。

绿色的负面意义，暗示了隐藏、被动，不小心就会穿出没有创意的感觉，在团体中容易失去参与感，所以在搭配上需要其他色彩来调和。绿色是参加一切环保、动物保育活动、休闲活动时很适合的颜色，也很适合做心灵瑜伽时穿着。

橙色

橙色富于母爱或大姐姐的热心特质，给人温暖、亲切、坦率、开朗、健康的感觉；尤其是介于橙色和粉红色之间的粉橘色，则是浪漫中带着成熟的色彩，让人感到安适、放心。但若是搭配俗气，会给人一种土里土气、婆婆妈妈的感受。橙色是从事社会服务工作时，特别是需要阳光般的温情时最适合的着装色彩之一。

黄色

黄色是明度极高的颜色，能刺激大脑中与焦虑有关的区域，起到警告的效果，所以雨具、雨衣多半是黄色。艳黄色象征信心、聪明、希望，淡黄色显得天真、浪漫、娇嫩。

不过，艳黄色有不稳定、招摇，甚至挑衅的味道，不适合在任何可能引起冲突的场合（如谈判场合）穿着。黄色适合在任何快乐的场合穿着，譬如生日会、同学会；适合在希望引起人注意时穿着。

紫色

紫色是优雅、浪漫，并且具有哲学家气质的颜色。紫色的光波最短，在自然界中较少见到，所以被引申为象征高贵的色彩。淡紫色的浪漫，不同于粉红小女孩式的，而是像隔着一层薄纱，带有高贵、神秘、高不可攀的感觉；而深紫色、艳紫色则是魅力十足，有点狂野又难以探测的华丽浪漫。若时、地、人不对，穿着紫色可能会给人留下高傲、矫揉造作的印象。

看鞋子更能窥探人的内心世界

心理学家研究发现，一个人的穿着打扮能很准确地反映这个人的性格。如果让一个人说言不由衷的话很简单，可是要让他（她）穿自己不喜欢的衣服或鞋子却并不容易。而鞋子比衣服更能说明问题，也最能窥探一个人的内心世界。

美国堪萨斯大学的心理学家做过一项实验：

他们随机选取了一些大学生志愿者作为研究样本，让这些学生看完每双鞋子后猜测鞋子主人的性别、年龄、社会状况和性格特征。

研究结果发现，观察者能够比较准确地猜测出鞋子主人的各种特征。

由于鞋子在款式、品牌、外观和功能上千差万别，所以鞋子能作为一种非文字性暗示，象征性地表达出主人的一些信息。

比如，那些性格随和的人通常会穿实用性和功能性很强的鞋子；进取心较强的人则爱穿短靴；存在依恋焦虑或担忧人际关系的人通常会穿一双崭新并且保养得很好的鞋子，因为他们非常关注自己的外表，也很在意别人对自己的看法。

下面就具体介绍下怎样通过鞋子来判断他人性格吧。

穿价格昂贵的鞋子的人

这类人一般收入比较高，因为经济收入较高的人地位一般也比较高，会注重自己的品位和仪表。相反，不拘一格的自由派人物则喜欢穿随意且廉价的鞋子。

穿颜色鲜艳的鞋子的人

我们知道，性格外向开朗的人穿衣服会选择鲜亮的颜色，他们同时也会把自己活泼开朗的性格表现在自己的鞋子上面，因此性格开朗的人鞋子的颜色也都是靓丽的。

穿款式单调乏味的鞋子的人

这些人一般情感淡漠，他们并不在意别人怎么看待自己，所以在总体打扮上不是那么突出显眼，也不愿意和他人过多交往。

常常穿同一款鞋子的人

他们在思想上是相当独立的，知道自己喜欢什么，不喜欢什么。他们十分重视自己的感受，而不会过多地在意他人怎么看。他们对感情都是相当忠诚的，不会轻易背叛。

穿没有鞋带的鞋子的人

这些人并没有太多出格的地方，穿戴装扮和思想意识都和绝大多数人差不多。但他们比较传统和守旧，中规中矩，追求整洁，表现欲望不强，有时候难以接受新观念和较少崭露头角。

喜欢穿时髦的鞋子的人

在这些人的意识里，只要是流行的就是好的，他们才不管自身的条件是否与流行相切合，是否合乎实际。所以有时候盲目地跟风，却达不到理想的效果。

这种人干事时常缺少周全的思量，所以会左支右绌。他们对新鲜事物的接受本领比较强，表现欲和虚荣心也较强。

喜欢穿运动鞋的人

具有这种偏好的人积极乐观，为人较亲切、自然，纪律性不强，比较随便。

喜欢穿细高跟鞋的人

即便女性们知晓穿细高跟鞋的不便和危害，但爱美的天性让她们不会在意这些。这样的女性，表现欲是很强的，她们希望能引起他人，尤其是异性的注意。

喜欢穿郊游靴的人

这类人会在事情上投入充裕的时间和精神，他们有较强的挑战意识和创新意识，敢于冒险和向未知领域挺进，而且有较强的自信心，属于敢闯敢拼的一类人。

喜欢穿暴露脚趾的鞋子的人

这类人多是外向型的人，并且思想意识比较前卫，浑身上下布满了自由的味道。他们很乐于与人交友，而且能拿得起放得下，比较洒脱。

喜欢穿靴子的人

这样的人，自信心并不是很强，而靴子能在一定程度上为他们带来一些自信。另外，他们很有安全意识，懂得在适当的场所和时机将自己很好地掩蔽起来。

通过手提包来认识它的主人

大多数人在工作和生活中，都会随身携带手提包，除了满足日常生活中的使用之外，手提包还隐藏着一些人们看不到的心理需求。也就是说，手提包可以在一定程度上向外界传达一定的信息，让外界通过手提包来认识手提包的主人。

首先，要认识到手提包能给人们带来安全感。包就像贴心伴侣，随身带着它，人们的心里才有一份可依赖的踏实感。人们对包的热爱体现了马斯洛的安全需求。当人们从封闭的小家走进广阔的社会中，正是身上的包给了她们某种情感依托。在某些场合，包还可以帮助人们很好地缓解内心的紧张和不安。

手提包的样式多种多样，人们可以根据自己的喜好进行选择。通过观察一个人所使用的包，可以看出他的个性、品位，还能判断他最近一段时间内的心情变化。

下面就介绍下怎样通过手提包的类型来判断他人的性格特点。

喜欢大众化提包的人

这种人性格也比较大众化，随大流。而选择的提包很有特点，让人过目不忘的人，一般个性非常突出，对任何事物都有着标新立异的想法。

喜欢休闲样式提包的人

这种人态度比较随和，不会过分苛求自己。

喜欢具有浓郁的民族风情手提包的人

这种人自主意识比较强，是个人主义者。他们个性突出，往往有着与别人截然不同的衣着打扮、思维方式等。有些时候表现得与他人格格不入，所以他们的人际关系可能并不理想。

喜欢小巧精致但不太实用的提包的人

这种人大多比较年轻，遇到挫折时容易妥协和退让。但如果是比较成熟的人还热衷于这样的提包，则说明这个人对于生活的态度比较积极乐观，充满美好的期待。

喜欢肩带式提包的人

这种人性格上相对比较独立，但交际圈子也比较狭窄。

选择有很多口袋提包的人

这种人平时做事比较规律有序，不会轻易做出冲动糊涂的事情。

喜欢公文包的人

如果选择的提包都是公文包，这从一个方面说明了提包主人工作的性质，他们可能是总经理，如果是普通职员，也是在比较正规的单位工作。选择公文包可能是出于工作的需要，但这其中多少也能表现此种人的性格特征。这种人大多办事比较小心、谨慎，对人也会相当严厉。当然，他们对自己的要求往往更高。

喜欢方形提包的人

装有小把手的方形或长方形的手提包，在有些时候可以当成一件饰品。这种手提包外形和体积都相对较小，所以使用起来并不是特别方便。

喜爱这一款式手提包的人，多是没有经历过什么磨难的人。他们比较脆弱，遇到挫折容易退缩和妥协。

喜欢小巧且质地优良的提包的人

这种人多为完美型性格者。他们的手提包很小，用质地上乘的皮革制成，以分隔出好多间隔为特色。他们的手提包为每件东西都准备了空间，以便把它们放在合适的位置。

喜欢超大型手提包的人

这种人性格多是自由自在、无拘无束的，他们很容易与他人建立某种特殊的关系，也会很容易破裂，这也是由他们的性格决定的，因为他们的生活态度太散漫，缺乏必要的责任感。显然他们自己感觉无所谓，但却并不是所有人都能接受和容忍的。

喜欢金属质感手提包的人

这种人性格多是比较敏感的，能够很快跟上时代的脚步，他们对新鲜事物的接受能力也是很强的。但是这一类型的人，在很多时候并不肯轻易付出，而总是希望别人能够付出。

将手提包当成服务工具的人

这类人是典型的和平型性格者，以女性居多。他们的手提包不只是一个手提包，还是一个服务工具。他们随身携带纸巾，以防有人失去控制而哭泣。他们还携带充足的药品以作为一个合格的流动急救站，有为咽喉疼痛的人准备的药丸，为头痛的人准备的阿司匹林。他们的包里甚至还有锉刀，可以为指甲突然折断的人帮忙。

另外，从颜色上来说，喜欢浅色系提包的人，擅长交际；喜欢深色系提包的人，性格大多比较深沉内敛；喜欢色彩鲜亮提包的人，往往头脑灵活，反应敏锐；喜欢用拼色提包的人，多半热衷追随潮流。

以帽识人

如今，帽子的款式可谓是多种多样。众所周知，帽子是用来遮阳和御寒的，同时，也是一种戴着美观，给人树立某种形象的东西。可是，你可能并不知道，在心理学上，对帽子的喜好也能反映一个人的性格。

爱戴礼帽的人

一个爱戴礼帽的人，往往认为自己稳重而有绅士风度。他的愿望是让人觉得他沉稳和成熟。在别人面前，他经常表现得热爱传统，比如喜欢听古典音乐和欣赏芭蕾舞等，与流行歌曲无缘。有时他甚至站出来反对这些他自认为是糟粕的东西。他欣赏一个男人穿西服打领带，一个女人穿套装、旗袍，而从不正眼瞧袒胸露背、穿超短裙的女人。

这类人所穿的皮鞋任何时候都擦得锃亮，而且所穿的袜子也一定给人以厚实的感觉，即使是炎热的夏季，他也会拒绝穿丝袜。同时他也讨厌穿着凉鞋和拖鞋走路。由于他看不惯很多东西，所以他很清高，有些自命不凡，认为自己是干大事的人，进入任何一个行业都应该是主管级的人物。

一般来说，这类人过分保守并且缺乏冒险精神，成就并不大，所干的事业也不像想象的那么顺心。

友情方面，他的朋友会觉得他保守、呆板，不容易说真心话，即使他在见面时斯文有礼，也不能加深他们之间的友谊，他和朋友之间的友谊很难保持长久。他有时也会想到这些，并试图努力去改变，但他天生的性格使他难以表达自己的心思，有时反而适得其反。

爱戴鸭舌帽的人

通常有点年纪的人才戴鸭舌帽，它表现出稳重、忠实的形象。如果男人戴这类帽子，那么他会认为自己是个客观的人，面对问题时，总能从大局着想，不会因为一些旁枝末节而影响整个大局。

有时候，他自认为是老练的人，在与别人打交道时，就算对方胸无城府，他还是喜欢与别人兜着圈子玩，即使把对方搞得晕头转向，也不直接说出他的心思。

之所以这么做，是因为他是个会自我保护的人，不愿轻易让别人了解他的内心。他不是个攻击型的人，但是个很会自我防守的人，所以他很少伤害别人，但也不容许别人伤害他。

这类人很会聚财，相信创业才是人生的本色，多劳多得是他的客观信条，他从不相信不劳而获或少劳多获。他认为他所拥有的财富来之不易，所以他从不乱花一分钱。

爱戴圆顶毡帽的人

这类人对任何事情都感兴趣，但从不表达自己的看法，即使有看法也是附和别人的观点，好像这类人没有主心骨似的。

其实这类人并不是没有主张，他们只不过是老好人罢了，不愿随便得罪一个人，哪怕他是个最不起眼的人。从本质上讲，这种男人踏实肯干，他相信只有付出，才有收获的道理。在他平和的外表下，有自己执着的观点，他相当痛恨不劳而获的人，相信君子爱财，取之有道，他从来不让不义之财玷污自己的手指。

做每一件事情他都会全力以赴，投入巨大的精力和热情。对于报酬，他只拿属于自己的那一份。他是以自己的美德赢得尊重的人。

在选择朋友方面，他表面随和，其实颇为挑剔，他认同"道不同不相为谋"，因此，除非对方和他有相同的看法和观点，否则他是不会考虑和对方深交的。

爱戴彩色帽的人

这类人清楚在不同的场合，穿不同颜色的服装，应该戴不同颜色的帽子，说明这类人是个会搭配且衣着入时的人。他喜欢色彩鲜艳的东西，对时下流行的东西非常喜欢，每当出现新鲜玩意，他总是最先尝试的那批人之一。他希望人家说他的生活过得多姿多彩，懂得享受人生，并且总以弄潮儿的身份走在时代前列。

这类人害怕寂寞，因为他精力旺盛、朝气蓬勃，那颗不甘寂寞的心，总是使他躁动不安，他经常邀请伙伴们一起，尽情玩耍。可当最后一支舞曲跳完后，曲终人散的那种滋味会马上涌他的心头。

对于工作，当他热情起来时，就像有使不完的劲，一旦感到无聊时，空虚感立刻涌上他的心头。

爱戴旅游帽的人

这种帽子既不能御寒也不能抵挡太阳的照射，纯粹是作为装饰之用。

用这种帽子来装扮自己，以投射某种气质或形象；或者戴上它另有企图，用来掩饰一些他认为不理想或者有缺陷的东西。

通过这些他所表现出来的特点看，他不是一个心底诚实的人，不肯以真面目示人，是个善于投机钻营的人，因此真正了解他的人少之又少，而一般人所看到的只是他的表面。由于这类人过度聪明，过度自以为是，在别人面前既唱红脸又唱白脸，以为自己做得天衣无缝，其实别人早已看出他是个不可深交的人。因此他真正的朋友不多，多半是与他面和心不和的人，有时他也能看出自己的缺点，但由于他的本性，他无法改变这些事实。

手表体现主人性格

一个人对手表的选择能体现出他的性格。不要小看一只手表，它可比穿衣搭配更能体现一个人的品位。一个人戴的手表，可以从气质、价格和功能上体现这个人的个性和心理。所以，在日常交际中，看看对方手腕上的表，便可以看出他（她）的真性情。那么，如何从不同的手表中看出不同的性格呢？

以下内容值得您参考。

喜欢戴上发条的表

这一类型的人独立意识都比较强。他们自给自足，很多事情都坚持自己动手。

他们乐于做那些可以马上见到成果的工作，如干一次体力活等。

他们最看重的是自己所获得的那种成就感，但在这个过程中，他们又不希望一切都是轻而易举就获得的，那样反而没有了意义和价值。他们并不希望得到他人过多的关心和宠爱。

喜欢戴按键电子表

这种电子表，只要按一下显示时间的键，就会出现红色的数字，如果不按，则表面一片漆黑，什么也看不见。

喜欢戴这一类型手表的人多是有些与众不同的。他们独立意识非常强，从来不希望受到他人的控制和约束。

他们善于掩饰自己的真实情感，不愿让别人知道自己内心的想法。

所以在别人看来，他们是特别神秘的，让人难以琢磨。而他们自己也非常喜欢这种神秘感，乐于让他人对自己进行各种猜测。

喜欢戴怀表

这种人多对时间具有很好的控制能力，虽然他们每天的生活都是忙忙碌碌的，但是并不是时间的奴隶，而是懂得如何在有限的时间里让自己放松并且找到快乐的。

他们善于把握和控制自己，适应能力非常强，能够很好地调整自己的心态。

他们多有比较强的怀旧心理，乐于收集一些过去的东西。

他们言谈举止高雅，有一定的文化修养。他们有比较浓厚的浪漫思想，常会制造一些出人意料的惊喜。

他们为人处世具有耐心，很看重人与人之间的感情，是重情重义的人。

喜欢戴由设计师专为自己设计的手表

这一类型的人，大多非常在乎自己在他人心目中的形象和地位，并且可以为了迎合他人而改变自己。

他们时常会大肆渲染一些事情，以证明和表现自己，吸引别人的注意。

喜欢戴没有数字的表

这一类型的人抽象化的理念较为强烈，擅长观念的表达，而不希望什么事情都说得十分明白。

他们很在意对一个人智力的锻炼和考验，认为把一切都说得太明白就没有意义了。

他们很喜欢玩益智类游戏，而且他们本身就是相当聪明的。他们对一切实际的事物似乎并不是特别在乎。

喜欢戴显示几个时区的手表

这类人大多不现实。他们有一定的智慧，但一切都只是想象而已，不会努力付诸实践，做事常常三心二意，这山望着那山高。他们对于一些应该承担的责任面，常以逃避现实的方式面对。

喜欢戴古典金表

这种人多具有发展的眼光和长远的打算，他们绝对不会为了眼前的利益而放弃一些更有发展前景的事业。

他们思维缜密，头脑灵活，往往有很好的预见力。

他们的思想境界比较高，而且非常成熟，凡事看得清楚透彻。他们有宽容心和忍耐力，又很重义气，能够与家人、朋友同甘共苦，生死与共。

他们有坚强的意志力，不会轻易向外界的一些困难和压力低头。

喜欢液晶显示型手表

这类人在生活中多比较节俭，知道如何精打细算。

他们的思维比较单纯，对简捷方便的事物比较热衷，而对于太抽象的概念则难以理解。

他们在为人处世方面多持比较认真的态度，不会显得特别随便。

喜欢戴闹钟型手表

他们大多对自己要求特别严格，总是把神经绷得紧紧的，一刻也不放松。

这一类型的人虽算不上传统和保守，但他们习惯于按一定的规律和规定办事，他们在争取成功的过程中，任何一件事都是以相当直接而又有计划的方式完成的。

　　他们非常有责任心，有时候会在这方面刻意地培养和锻炼自己。除此之外，他们还有一定的组织和领导才能。

不戴手表

　　这类人大多具有比较独立自主的性格，他们不会轻而易举地被他人支配，而只喜欢做自己想做并且也愿意去做的事情。他们的随机应变能力比较强，能够及时地想出应对的策略，而且非常乐于与人结识和交往。

通过饰品判断性格

自然之美固然让人沉醉，但一些人为的修饰，会在自然的基础之上为人增添几分魅力。佩戴饰物就是装扮一个人的最好方式之一。一个人选择的饰物只有与自己的个性相匹配，才能达到最佳的效果。因此通过观察一个人佩戴的小饰品，有助于判断其性格特征，尤其是女性，不同的个性在选择饰品的时候存在较大的差异。

喜欢用珠宝当作装饰品的女性

这种人很多时候并不是为了突出表现自己的个性，而是为了配合整体造型，以期达到一种整体和谐的效果。这样的人可以称得上是完美主义者，她们凡事总是竭力追求完美。她们的自我表现欲望不是太强烈，更在乎的是自己是否可以完全融入某一种氛围当中，与其他人打成一片。

喜欢佩戴具有民族风情装饰品的女性

一般来说，这种人个性是相当鲜明的，他们总是有自己独特的想法和见解。

喜欢佩戴心形饰品的女性

喜欢这类饰品的女性往往表面平静，内心却热情如火。她们自尊极强，感情强烈而脆弱，怕受伤害，一般不会主动示爱，如果男性无法主动引导，则难以发展为恋情，对似有意若无情地诱导自己的男性往往更感兴趣。她们表面坚强，其实心理防线很容易被攻破，敏感易受伤。

喜欢在胸口打大蝴蝶结的女性

这种女性常处于一种期待、不安、缺乏自信的状态，她们担心自己交不到男朋友，故会常处于焦虑地等待某个特定人出现的状态，非常渴望被注意和追求。

喜欢佩戴链状手环的女性

这类女性常对成熟、细心、体贴的男士感兴趣，她们通常崇拜父亲或兄长类型的男性，是具有恋父情结的人。她们偏好能听任自己撒娇的男性，喜欢被男性呵护的感觉，对幼稚、没风度的男性看不惯。

喜欢佩戴胸针的女性

讲究衣着、重视整体搭配的女性，常常会戴一枚小小的胸针。这样的人是相当重视自己在他人心中的形象的。她们在为人处世方面处处小心和谨慎，不会贸然地做出某种决定。她们有一定的疑心，不会轻易地相信某一个人，即使是对非常要好的朋友，也有一定保留。她们希望自己能够引起别人的注意，但又总是习惯用谦虚的态度来掩饰这种心理。

喜欢佩戴木制饰品的女性

这类女性常处于自我防御状态，很少主动对男性表现出兴趣，有可能是曾受创伤所致。她们对男性的警戒心强，非常厌恶被不熟悉的男士搭讪或碰触。男性的外形往往对她们缺乏足够的吸引力，她们反而比较容易被美丽的女性所吸引。

喜欢佩戴手镯的女性

这类女性多数是精力充沛、很有朝气、充满活力的人。她们多是比较聪明的，并且有某一方面的特长。她们有追求、有理想，在绝大多数时候知道自己想要什么，并且会主动去追求自己想要的东西，甚至有些时候感到很迷茫也仍然不会放弃，而是在行动过程中进行探索。

喜欢佩戴粗大金色手环的女性

喜欢这种饰品的女性对物质具有强烈欲望，往往重视经济条件胜于爱情。她们的警戒心强，非常厌恶被欺骗。

喜欢佩戴体积小、不太起眼的珠宝首饰的女性

此类人多为谦虚而又稳重的人。她们的内心大多十分平静，在任何事情面前都能保持顺其自然的心态。她们一般不太希望引起他人的注意，觉得随便、自然一些反倒更好。

喜欢佩戴手表型手环的女性

这种女性有可能遭遇过感情挫折，或渴望某种感情契机的出现，属于欲求没得到满足的类型。也许正在为与男友分手或心中有所不满而感到烦恼吧。另外，喜欢追求冒险的女人，也会戴这类型的手环。

喜欢佩戴星形饰品的女性

这种女性虚荣心较强，渴望被男性赞美，希望自己的个性获得认可。她们爱幻想，缺乏理性思维，常常抵挡不住男性的甜言蜜语或赞美之词，会接纳认同自己长处的人。因此，她们有时可能因意志薄弱而走进男性的圈套，轻易答应或委身于他人。

喜欢佩戴体积大、坠多、璀璨醒目的珠宝的女性

这种女性多爱招摇和卖弄，她们无论走到哪里，总会吸引许多人的目光。她们比较热情，并且这种情绪还会感染其他人。她们比较积极、乐观，爱幻想。

6/ *Chapter 6*

行为心理折射人性密码

发掘行为背后隐藏的意义

观察身边的人，你可以发现他们一举手一投足之间，都有着自己独特的规律和含义，掌握了这些规律的判断方法，也就是行为心理学，你才能了解他人心中隐藏的真正想法。

行为哲学认为：人类的行为，源自人类意识的指导，也就是说，行为与心理，其实有着极其密切的联系。基于这一点，美国心理学家华生在20世纪初创立了行为心理学，它建立在心理学的基础上，但避免了普通心理学中专门研究意识的缺陷，专注于通过行为来研究人类的心理活动。也正是因为这种独特性，行为心理学成了如今最为权威而热门的心理学科。

从本质上来说，行为心理学是通过人类的动作行为，来发掘判断出他的心理活动，也就是发掘行为背后隐藏意义的最基础实用的方法。

为什么说行为心理学是最基础实用的方法呢？我们看了下面的事件，就可以清楚地了解了。

美国联邦调查局的密探捉住了一名潜伏多年的高级间谍，为了从他口中挖出更高层的间谍名单，探员们对他进行了高强度的审讯。

一开始，这名间谍还表现出了配合的态度，交代了很多无足轻重的情报，但是，一被问及间谍的高层领导，他就立刻三缄其口，避而不谈。

探员们用了很多办法，也没能撬开他的嘴巴。最终，一位经验丰富的老探员接手了这个案子，拿着可能是间谍高层领导的嫌疑人名单走进了审讯室。

"我知道你为什么不说。"老探员笑着在间谍面前坐了下来，"以你现在的情况，很有可能会被引渡回国，你一定在等着这一天吧？"

间谍抬起头来，看了他一眼，然后低下头去，无论老探员说什么，都没有任何反应。

老探员并没有气馁，反而微微地笑了："你口风很紧，这一点我很欣赏，不过，这样的做法在这里可不明智。因为我们已经有了确切的情报，下面的这些人，很快就会被请到这儿来跟你见面了。我相信你见过他们中的几位，让我来说说他们的名字吧。奎因·格林、尼克尔·卡尔林斯、史考克·汉克斯……"

每说一个名字，老探员都会略微停顿一秒，观察间谍的反应。虽然间谍的面色一直保持不变，但是，在听到"鲁尼·史密斯"这个名字时，他放在桌上的食指反射性地轻弹了一下。

这一微小的动作被老探员捕捉到了，他很快肯定：鲁尼·史密斯就是那名间谍的上线。果然，在对史密斯进行了一段时间的强化监控之后，联邦调查局找到了他的犯罪证据，依法逮捕了他。

与他人沟通时，我们可以通过语言、态度等来推断出他心中的想法，但是，如果谈话的对方根本不抱合作态度呢？他可能不回答你的问话，甚至连一丁点儿表情都不给你，这个时候，你是否就束手无策了？

像这样的情况，我们需要用到的，就是行为心理学的知识。

人们在遭受到外界的刺激时，机体为了适应环境，会有各种各样独特的反应，例如肌肉的收缩、腺体的分泌、肢体的运动等，这些独特的反应，就是我们口中所说的行为，也是行为心理学要研究的对象。基于心理学中的巴甫洛夫条件作用，外界环境的刺激与人体本身的无刺激是可以进行配对的，外界的刺激能够引起原先无条件刺激时才能引发的机体反应，形成初级条件反应，而再次发生类似的刺激性事件，或者是被他人用言语的形式，起到相应的刺激作用时，机体就会产生相应的无意识的反应。

也就是说，人们所产生的无意识行为，都可以还原为一个个的条件反射，而这些反射，代表的就是人们心中真正的想法。只要能掌握行为心理，那么他人秘而不宣的小心思，也会被你尽收眼底。

老牛与老许是多年的生意合作伙伴，最近，有一单大生意找上了老牛，他的第一想法，就是和老许商量商量。

可是最近有许多风言风语传到了老牛的耳朵里，说老许已经找到了新的合作伙伴，投资方向转向了海外。

究竟该不该告诉老许这个项目呢？老牛左右为难，他借喝茶的名义将老许约了出来，打算探探他的口风。

闲聊间，老牛多次旁敲侧击地提及此事，但是老许浸淫商场多年，又怎么会如此轻易透露出自己的想法？磨了许久，老牛都没有收获。

心中有些烦躁的老牛随手将自己的茶杯放在老许茶杯旁边，挨得非常近。在平时这种情况很常见，老许也并不以为忤，可是这次，老许却轻轻皱了皱眉头，不动声色地将自己的茶杯拿起来，端在唇边喝了一口。

这个细微的动作被老牛发现，他心里一咯噔，本想要说出口的话又吞了回去。

果然，经过老牛一段时间的观望，老许真的转移了投资方向，逐渐偏离了二人合作的轨道。

作为商场上的老将，老许在言语上能做到滴水不漏，但是他的小动作，还是出卖了他内心对老牛的疏远感。而老牛如果不是对行为心理有点研究，发觉了老许这个动作背后的隐藏意义，恐怕还会像从前一样对待老许，那样他不仅是被多年的合作伙伴背叛，很有可能连那单大生意都要遭受损失。

由此可见，在生活中发掘他人小动作背后的隐藏意义有多么的重要。我们平日里研读心理学书籍，多是为了判断对方的心理活动，好在"知己知彼"的情况下，做到"百战百胜"。而学习心理学的过程，就像是盖楼房一般，楼房能建得多高，在于地基打得有多好。诸如冷读术、攻心术大多讲的是技巧、方法，而行为心理学所讲述的，是判断的根源。如果无法很好地判断出对方的心理，那么技巧掌握得再多也事倍功半；如果可以正确掌握对方心理，那么所有的技巧使用起来，就会事半功倍。

通过行为心理学来了解自己

俗话说：想要了解他人，就得先了解自己，一个人如果连自己都不了解，那么何谈了解他人。

希腊有句名言是这么说的：这个世界上最困难的事情，就是认识自己。认识自己，不仅仅是知道自己的喜好、性格、脾气等，在我们每一个人的心里，都有一个潜藏的、未知的自己，我们平时说话做事，都受到这个潜在的自己的影响。有时候，明明是一个很开朗的人，却突然会避开社会，将自己关在屋子里几天不跟任何人说话；有时候，明明是一个很坚强的人，却会忽然忍不住流眼泪，甚至在众人面前号啕大哭；有时候，明明是一个很软弱的人，大难临头却临危不惧，做出了英雄般的举动……

像上述的情况，我们普遍会认为是偶然的，但实际上，一个人所做出的任何行为，都与自己内心深处有着紧密的关联。不信？让我们看一看下面的案例：

乔治是一家上市公司的股东兼经理，他自认为在所有股东里，自己算是最慷慨的一个，不论是分红还是奖励，他从不亏待自己的手下。

但是让乔治恼火的是，在最近的领导人影响力调查里，自己赫然登上了"最抠门领导"的榜首。

怒气冲冲的乔治回到办公室，跟秘书抱怨了一通，接着打发秘书去给自己买杯咖啡。在秘书出去之后，他随手拿起她桌上的巧克力拆开包装咬了一口。

然而，做出这个动作的乔治马上就后悔了，因为他看到了巧克力盒下面压着的一张纸条："亲爱的，这是我送你的情人节礼物……"

把别人的情人节礼物吃掉了，这可如何是好？乔治有些慌乱，但是很快冷静了下来，一会儿等秘书回来，跟她道个歉，赔她两盒巧克力就是了。

可这并不是几盒巧克力的问题，是她男朋友的一片心意啊！乔治的内心中，有一个名叫良知的声音在抗议着。

思来想去，乔治的心中忽然灵光一闪。他看了看仍然拿在自己手中的半截巧克力，再想一想自己从前的行为举止，似乎对自己为什么会当选"最抠门领导"产生了一丝明悟。

自己好像常常让秘书去买咖啡、红茶、口香糖等东西，但是却从来没有给她计算过这种"小钱"；而且，一般自己饿了，或是渴了，看见谁的办公桌上有吃的喝的，随手就会拿走。在以前的乔治看来，自己每年多给他们发十几万美元的奖金，这些小事应该没人在意，可现实的情况却表明……

或许真是应该改一改这毛病了。乔治如是想道。

出身于豪门的乔治从来都是衣来伸手、饭来张口，小时候，所有人都是拿着各种各样的好东西进献到他的面前，任他挑选。长大之后，他虽然成了成功的经理人，但是小时候所养成的"小皇帝"毛病还深深印刻在他的行为中，如果没有意识到自己的这一点，那么乔治就算付出再多的努力，也无法得到手下真心的信服。

透过行为，我们可以发掘他人心中隐藏的秘密。同样，透过行为，我们也可以发掘出自己心中，连自己都无法察觉到另一个

"自己"。

阿苏是一位在外企工作的白领，他年薪数十万，在同行之中也算是佼佼者，可是，阿苏有一个难以启齿的毛病，就是他总是屡屡控制不住自己去偷别人的钱包，哪怕是十几块钱，他也会从偷窃的过程中产生一种快感。

这样的情况越来越严重，阿苏不得不求助于心理医生，希望医生能帮自己解决这个难题。

在心理医生的帮助下，阿苏努力地对小时候发生的相关事情加以回忆，终于回想起自己八岁那年曾发生过的一件事：

那时候正是过年，小孩子们都喜欢去买鞭炮来放，但是由于阿苏家里刚刚破产，所以他只能眼巴巴地看着别人玩。可是，有一个邻居家的小孩拿着自己的鞭炮在阿苏面前炫耀，说他是"穷鬼"，不服气的阿苏偷偷跑回家去，拿了母亲的钱包，买了许多鞭炮，放得尽兴而归。

回到家里，母亲知道了这件事，并没有训斥阿苏，但是父亲回来了之后，和母亲大吵了一架。

过了没多久，父亲就和母亲离婚了，虽然在离婚这件事中，阿苏所犯的错误只有很小的影响，但是在儿时阿苏的潜意识里，他认为父母的离婚，正是由于他拿了母亲钱包造成的。也就是因为这一点，阿苏才患上了强迫症，通过一次次偷别人的钱包，来弥补自己心中的遗憾。

明白了这一点之后，阿苏努力克服了心理障碍，戒掉了偷窃的恶习。

如果不是偷窃行为的发生，阿苏可能永远都不知道，在自己心里，还有如此弱小、无助、愧疚的另一个自己。而正是因为他认识到了这个"自己"，才变得更成熟、更强大。

所以说，掌握行为心理学，第一步不是要研究他人的心理，而是要认清自己，了解自己。拉丁美洲有位智者说得好：当你真正认清了自己，对自己诚实的时候，这个世界上再没有人能够欺骗得了你。

而行为心理学，无疑是了解自己的最好的途径。因为行为多数源自潜意识，而潜意识所代表的，正是我们内心深处的那个未知的"自己"。

分析他人个性，预见其未来的行为

　　而想要掌控他人，就要掌握他人的性格、个性，并且能够预见他未来的动作。我们无法做别人肚子里的蛔虫，但是可以运用行为心理学。

　　在华盛顿的一条金融街上，一位负责巡查的警探在一家银行的门口注意到了一名头戴围巾的妇女。

　　那名妇女看起来与普通人毫无二致，但是她先是站在银行门口，左顾右盼了一阵，接着挪开了脚步，向银行边停着的运钞车走去。

　　警探一开始以为她是在等人，但在她走向运钞车时，他的警惕心立刻提了起来。这家银行在金融街每天的交易金额都十分巨大，经常会发生一些持枪抢劫的事件。

　　警探躲进了临街的一家商铺里，装作是观看商品的样子，近距离地观察那名妇女的行动。

　　近距离观察中，警探发现那名妇女没有普通妇女的温和柔弱，她紧绷的嘴角和蹙起的眉头，显示出一种极为冷冽的气质。并且，她也不像其他的路人那样急着赶路，而是慢吞吞地走着，眼神中不时流露出紧张和兴奋的情绪。

　　警探几乎完全可以肯定，这名妇女的目标，就在她面前没多远的运钞车上。他从店铺里出来，趁那名妇女不注意，悄悄接近她。就在这时，那名妇女戴上手套，从大衣里取出准备好的手枪……

一旁潜伏的警探一个猛子扑了上去，在一切还没有发生时，将这起抢劫案扼杀在了摇篮里。

这并不是电影里的情节，而是在美国真实发生的一起案件。那名妇女是恐怖组织的一分子，专门从事抢劫银行运钞车的活动。试想一下，如果不是警探在她开始行动前，就发觉了她的异样，掌握了她的心理动态，那么那名妇女的这一次抢劫行为，极有可能成功，或是造成惨重的人员伤亡。

我们平时运用心理学，多是为了判断出他人的心理活动，从而更好地掌控事件的进展，或是谈话的全局。而运用行为心理学，不仅可以起到相同的作用，更可以通过行为分析对方的性格、习惯，对他未来的行为、判断做出推断，从而达到"未卜先知"的效果。

小聂是房产公司首屈一指的销售人员，再难缠的客户，到他手里，也会变得服服帖帖，这让其他人非常羡慕，纷纷向他讨教"对付"客户的关键。

架不住众人的"糖衣炮弹"，小聂"招供"了自己搞定客户的办法："其实也很简单，当一位客户走进来，从他的动作、神态，就可以看出他是个什么样的人，他想买什么样的房子，然后再根据这一点，投其所好就可以了。"

"怎么可能这么容易？"同事们纷纷表示不信。这时候，正好有一位中年女性客户进门，小聂向众人示意，然后迎上前去。

"您好，有什么可以帮到您的吗？"小聂礼貌地打着招呼。

"我有一处房子想要卖。"那名中年妇女眉头紧皱，一副明显不信任小聂的样子。小聂请她坐下，她从包里掏出纸巾擦了擦椅子，才斜坐了下来。

"那请问您的房子在什么地段，想要卖到什么价钱呢？"小聂露出最温和的微笑和最专业的态度，可是这一招仍然没能让那名中年妇女放下心理防备。

经过一段时间的交涉，那名中年妇女总算是舒展开了眉头，但临走时，却抱紧自己的手提包，斜着眼跟小聂说道："虽然登记了，但回头我还是会去别家看看的，你们别想坑我！"

"这点您可以放心。"小聂仍然彬彬有礼，"您在任何房产公司登记都是一样的，我们不会收取您任何费用，不过，我们公司有最多的客源，服务过程也完全透明化，无论您有什么样的问题，我都可以帮您解决。"

"哼，但愿吧。"中年妇女冷哼了一声，转身走了出去。

她一走，小聂的同事们就围了上来，七嘴八舌地讨论起来：

"这大妈也太难伺候了……"

"是啊，一看就知道不是诚心想卖房……"

"这种客户肯定没戏了！"

"错。"小聂摆摆手，否定了同事们的看法，"正好相反，她真的是想要卖房，并且她过些时候，一定会再打电话来。"

"不可能吧？"同事们纷纷侧目，觉得不可思议。

"从她进门时就皱着眉头；还用纸巾擦椅子的动作就可以看出来，她平时是一个比较自闭，疑心很重，敏感并且还有洁癖的人。像这样的人，如果没什么事的话，不愿意与陌生人交流，而她今天之所以过来，一定是急着用钱，或是什么别的原因，所以在短时间内想要把房子出售出去。

"另外，从她总是抱着自己的提包的动作也可以看出来，她对所有人都有着强烈的防备心理，但同时，又强烈期待着能够获取来自于他人的帮助。为她服务的人态度只要有一点差错，就会让她觉得受到蒙骗和伤害。这样的客户虽然不好对付，但在成交过程中只要做到干净利落，不拖泥带水，相对于那些真正难缠的客户，还是很好签单的。"

"原来是这样。"众同事们纷纷点头。果然，没过两个小时，那名客户的电话打了过来，催促小聂带人去看她的房子。

从皱眉头、擦椅子、抱紧提包这几个动作，小聂就分析出了那名中年女客户的心理活动和性格特征，能有这样的结果，与他平时钻研行为心理学分不开。如果换作普通的销售人员，从语言态度上分析那名中年妇女的表现，绝对会认为她不是诚心想要卖房，从而冷淡对待，不用说，那名生性敏感的客户会在第一时间内跑掉。

由此可见，从行为上分析他人的个性，才是最稳妥、最可靠的办法。当你了解了他人的性格之后，就能够推断出他未来可能的行为，从而可以为自己如何应对增添一份筹码。

变成心理学家那样的"窥心者"

掌握行为心理学知识，你就能变成心理学家那样的"窥心者"，他人的一举手一投足所代表的意义，都逃不过你的眼睛，更能让你在人际交往中如鱼得水。

小娟是办公室里的"开心果""知心姐姐"，她似乎天生就有着看透别人心思的眼睛，哪一位同事遭到打击，哪一位领导心情不爽，甚至是身边有人接下来想要做什么，她都能先一步猜到，给予别人最适当的帮助，这让办公室的人都非常喜欢她。

新人小高刚来公司，总是做错事，会错意，因而对于小娟更是钦佩之至。找了个机会，小高诚心诚意地向小娟请教秘诀。

"其实也没什么秘诀。"小娟谦虚地笑笑，"我之所以能够取得大家的好感，完全是因为我能够从行为上判断大家的心思而已。"

"比如说，"小娟指了指刚从外面走进来的主任，悄悄地吐了吐舌头，"你看，王主任走得满头大汗，眉头紧皱着，嘴角还朝下撇，这代表他心情很不好，可能是在外面受了客户的气，也有可能是因为堵车而耽误了重要的事。总之，现在如果有问题，千万不要去找他报告，不然只会碰一鼻子的灰。"

"原来如此。"小高心悦诚服地点着头，"娟姐，你观察真是细致。"

一旁埋头工作的小陈瞪着布满血丝的眼睛，紧盯着电脑屏幕，忽然又烦躁地抓了抓头发，打了个哈欠，站起身来向正在聊天的二人走来。

"娟姐……"

小陈还没说明来意，小娟就从桌子上拿起一袋咖啡递了过去："给你，下次别这么拼命加班了，总是熬夜对身体不好。"

"还是你了解我。"小陈嘿嘿一笑，转身拿起杯子去冲咖啡。

"娟姐，你太牛了。"看着这一幕，小高向着小娟竖起了大拇指。

小娟能够猜透他人的心思，除了靠观察细致之外，更重要的，就是她所掌握的行为心理学知识。如今社会，到处都是不可见的陷阱与骗局，每个人都将自己的心禁锢起来，从不轻易跟他人说真话，也正是因为如此，人与人之间的真心交流越来越少，绝大多数人都会有"知己难求"的感慨。

在这样的社会环境下，如果有人能够准确地判断出他人的心理，化解对方潜意识里的排斥与防备，那么绝对能够在短时间内取得对方的好感，甚至于赢得对方的信任。

试想一下，如果一个人能够做到这一点，那么他还会有人际关系上的难题吗？无论是难缠的客户，严厉的领导，还是疑神疑鬼、喋喋不休的爱人，都可以通过他们的行为，来判断出他们内心真正的想法，从而完美掌控与他们之间的人际交往。

另外，掌握行为心理学，不仅可以通过行为分析出他人的情绪变化，从而从容面对，做出最好的决断，更能够让你在人脉圈中轻松享有"心理专家"的美誉。试问，一位能够随时为朋友出谋划策，解决难题的智囊军师，会有哪个人不欢迎呢？

美国著名的FBI探员纳瓦罗就是这样一个人。

从FBI退休之后，纳瓦罗成为许多大公司的心理顾问。有一次，他作为英国代表方的顾问，应邀去参加英法两国两家船舶公司的谈判。

英国的首席谈判代表显然没有将这位大名鼎鼎的前FBI探员放在眼里，在见到纳瓦罗之后，他交代道："一会儿进入谈判室，我们会先听对方的陈述，然后我们再进行陈述，你可以在旁边看着……"

"你们雇我来，可不是让我在旁边看着的。"纳瓦罗摇了摇头，"我需要和你们一起商讨合同的细节问题。"

"不行，那样耗费的时间太长了。"还不信任他的英国首席谈判代表立刻否定了他的话。

"如果你想让双方达成协议的话，那么我提的反对意见你最好重视。"纳瓦罗着重强调，"在会上，我会注意观察，看哪些条款是对方可以接受的，哪些是他们不愿意接受的。总之，我会尽量去解决那些可能出现的问题。"

会谈按照纳瓦罗希望的方式开始了，在双方研读合同内容的同时，纳瓦罗不断地向英方首席谈判代表递小纸条，说明哪些条款会有问题。对面的法方代表十分奇怪，为什么英国的代表总能抓住他们最在意的利益点不放呢？

会议之后，英国首席谈判代表对纳瓦罗的印象大为改观，他好奇地问道："我也一直在钻研这些条款，但是为什么你就能看出来他们在乎哪些呢？"

"我只是一直在观察他们的动作罢了。"纳瓦罗微微一笑，"每当他们遇到特别在乎的条款时，嘴角都会不由自主地抿一下，这个小动作，恐怕连他们自己都没有意识到吧。"

就这样，纳瓦罗帮助英方拒绝了许多价格不菲的"修订提议"，节省了至少几百万美元，而英方的首席代表，从此对纳瓦罗心悦诚服，成了他的"信徒"之一。

人们常说，君子之交淡如水，但又说，人情世故要勤于走动。这也就是说：淡如水的朋友固然是好，但那种能够时刻帮得上忙，让人觉得很牢靠的朋友，才是现代人最欢迎，也是最需要的。所以，如果我们能够像纳瓦罗那样，通过行为举止猜透人心，辨析人性，那么不仅能够让自己在生活中一帆风顺，也能够让周围的朋友越来越依赖，越来越信服你，让你成为朋友圈中的聚光点。

行为是无法说谎的

心理学家弗洛伊德曾说过："任何一个感官健全的人，最终都会相信没有人能守得住秘密。如果他的双唇紧闭，而他的指尖会说话，甚至他身上的每个毛孔都会背叛他。"我们的语言也许可以骗人，但是行为，却无法说谎。

小时候看《福尔摩斯探案集》，对里面"料事如神"的福尔摩斯崇拜到了极点。而接触了行为心理学之后，我们才恍然发现：很多时候，福尔摩斯经常通过观察他人的行为来判断其是否说谎，是否有所隐瞒，而他的这种判断，事实证明，往往都是正确的，这种直觉的判断与行为心理学的理论研究是一致的。

《沉默的羔羊》《不死潜龙》《勇闯夺命岛》《特工佳丽》《虎胆龙威》……这一个个熟悉的电影名字，将我们引入一场场正义与邪恶、激情澎湃的战斗中，与此同时，FBI这个响当当的名字也进驻大多数人的心里。

FBI的全称是Federal Bureau of Investigation，美国联邦调查局，是美国最重要的情报机构。每一个出身FBI的探员，都是美国警界的拔尖者。经过层层的选拔和为期三个月的全封闭式严酷训练，才能够真正取得做FBI探员的资格，而在FBI学员的训练过程中，最关键，也是最重要的一课，就是学习行为心理学。

为什么连FBI的探员们都要学习行为心理学呢？

天天与恐怖分子、高智商犯罪人群打交道，FBI探员们需要在第一时间，判断出对方是否在对自己说谎，甚至是对方在想什么。但是，很多犯罪分子都是说谎的高手，单从语言上来判断，很有可能会与真相失之交臂，因此，FBI探员们，大都依靠判断行为来掌握嫌疑人的心理活动。

坐在桌子那一头的嫌犯小心翼翼地回答着FBI探员的问题，他的言辞非常恳切，也有充分的证据证明自己在案发当时不在场。可是，FBI探员还是不依不饶地对他进行询问。

"假如让你去杀一个人，你会用枪吗？"

嫌犯耸了耸肩，摇摇头，一副很无奈的表情。

"那么，假如让你去杀一个人，你会用刀吗？"

嫌犯做出同样的动作，摇了摇头。

"假如让你去杀一个人，会用铁锤吗？"

"不。"嫌犯依旧摇头。

"假如让你去杀一个人，你会用碎冰锥吗？"

在听到这个问题时，嫌犯稍稍露出了一点不一样的情绪，他的眼皮明显地耷拉了下来，似乎想要掩盖什么，但是这动作转瞬即逝。

可是，心细如发的FBI探员注意到了这一点，这个嫌犯因此成为案件的第一嫌疑人。果然，在进一步的调查后，证实他就是杀人凶手。

通过一次只有0.2～0.4秒的眨眼，FBI探员就发现了那名嫌犯的破绽。在听到了自己曾用过的作案工具碎冰锥时，嫌犯所产生的异常的身体反应，正是FBI侦破这起案件的切入点。正是因为具备对动作行为的敏感性，FBI才能像普通人眼中的超人一般，一眼看破他人的心理变化。

可以说，行为心理学作为FBI辨人识人的终极秘技，是毫不夸张的。就连FBI的高级探员都说过："在实际办案过程中，可以从对方外在的身体语言中读懂他们的内心世界，这非常有益于我们破获疑难案件。因此，我们会把如何通过身体语言来破解内在信息作为FBI重点培训的教程。"

在经过了系统的行为心理学培训之后，FBI探员在面对嫌疑人时，会将他每一个细微的动作都"扫描"进大脑，精确地分析其内在的含义，也正是因为掌握了这一秘技，FBI才能够屡屡抓住细节，破获奇案，成为我们身边现实存在的"神探"！

通过行为心理学掌握他人潜意识

　　著名作家海明威在他的作品《午后之死》中，把文学创作比作是冰山，而实际上，人们的意识也与冰山十分相似。所以说，通过行为心理学掌握他人95%的潜意识，比费尽心思掌握仅仅5%的显意识要有用得多。

　　看过《泰坦尼克号》的人，都对影片中游轮撞冰山的那一幕不陌生。当游轮紧急转向，只为了避过前面那尚不及游轮十分之一大小的冰山时，相信有不少人的心都提到了嗓子眼。但是，有多少人想过这个问题呢？为什么看到那么小的冰山，船上的所有人都惊慌失措，让爱德华船长命令紧急转弯？而又是为什么，那样体积的冰山，就可以让当时素有世界上最大、最先进的"永不沉没"的泰坦尼克号拦腰横断？

　　在影片中，有一个细节回答了这个问题。当轮船的船体在海水中前进时，一团巨大的黑影，与船身发生了剧烈的摩擦，撞破了船身隐没在海水下的部分，让汹涌的海水冲进了锅炉室。

　　那团巨大的黑影，就是那座冰山隐藏在海底的部分，同时，也引申出我们要讲的心理学理论——冰山效应。

　　冰山效应，又被称为冰山理论，是著名的心理学家弗洛伊德提出的。他认为：人的人格，就像是漂浮在海面上的冰山一样，显露在海面上的，仅仅是冰山一角，即属于显意识的层面；而大部分没有表露的层面，属于潜意识。潜意识在某种程度上，决定着人们的发展和行为。

潜意识指的是埋藏在显意识下的一股神秘力量，又被称作右脑意识或宇宙意识，在平时的生活中，也被我们称为"潜力"，是人体中存在却未被开发出的能力。

维也纳大学康士坦丁博士曾在自己的报告中估算过：人类的脑神经细胞大约有1500亿个，每一个脑细胞与其他的脑细胞相互联络，在大脑中组成神经元，开启"信息电路"。然而，人类至少有95%以上的神经元还处于未被开发状态，即使是爱因斯坦这样的科学巨匠，也只不过运用了他潜意识部分的2%而已。

由此可见，潜意识对于人们的影响是多么巨大。我们无法掌控自己的潜意识，但是我们的行为、动作、表情与态度却处处受它影响。因此，如果能够了解他人的潜意识，那么对于我们接近他人，取得他人的信任，会有意义非凡的帮助。

从国外名牌大学毕业的玫红，通过朋友介绍，去一家大公司应聘。

面试官是一位看起来十分精明干练的白领女性，从礼仪到言语，都十分具有大公司中层领导的专业风范。面试官客气地请玫红坐下，看过玫红的简历，向玫红提了一些专业性的问题，并询问了玫红对公司的看法。

两个人之间的对话进行得有板有眼，但是细心的玫红却发现：面试官总是有意无意地去看自己的手表，并且双脚也总是向大门的方向倾斜。

例行的询问进行完毕之后，接下来是玫红自我发挥的部分，可是这时候，早已经过了公司的下班时间。玫红看了看表，做出了一个让面试官诧异的决定："张经理，今天都已经这么晚了，要不我们边走边说如何？去停车场的这段时间，正好也够我做自我介绍的了。"

"呃……也好。"虽然有些惊奇，但张经理微微皱起的眉头却舒展了开来。

一路上，玫红言简意赅地做了自我介绍，由于时间的关系讲得并不完善，但是张经理对她的态度，却由一开始的公事公办，变得十分和缓，甚至还体现出一丝亲热的意味。

果然，到了第二天一早，玫红就收到了面试通过的消息，去新公司走马上任了。

如果是一般的面试者，在进行自我发挥的部分时，都唯恐时间会不够用，会想尽办法在面试官面前表现出自己的长处。但为什么玫红这种"偷懒"的行为，反而能让面试官对她青睐有加呢？

细心的读者也许能看出来，玫红之所以会独辟蹊径地取得成功，完全是在于她对面试官的行为观察。

作为一名大公司的中层管理者，面试官必须要求自己随时随地体现出最专业的素质，因此，就算是有什么急事，心中火烧火燎，在面上，她也不能有丝毫的表现。只不过，她的行为却出卖了她，无论是无意识地看表，还是脚尖冲着门，都表现出她内心中急切的渴望——想要赶紧处理完手头的事情下班。

这样的动作可能连面试官自己都没有注意到，但是却被玫红注意到了。因此，她即使没有做到最好，也给面试官的潜意识里留下了好印象，再加上她原本的能力与资历，取得这份工作是理所应当的事。

所以说，通过行为来判断、了解他人潜意识中的想法，比起仅仅是通过言语表情来猜测他人的显意识要实用得多。

审视自己，了解他人的终极技巧

我们常说，知己知彼百战不殆。可是真正的知己知彼，又有几个人可以做到呢？

每一个人都觉得自己了解自己，但是当我们遇到什么事，或是受到什么打击时，我们会做出十分反常的反应。这时候，我们往往会冒出这样的想法：其实自己并不了解自己是个什么样的人。

实际上，想要了解自己并不是难事，关键是要用对方法，掌握好技巧。

周哈里窗，就是用来审视自己，甚至是深入了解他人的终极技巧。

提出周哈里窗概念的，是心理学家鲁夫特和英格汉，他们在著作中提出"周哈里窗"模式，将人们的心分为一扇四格的窗口，这四格窗口分别是"开放我"、"盲目我"、"隐藏我"和"未知我"。

这四格窗口，组成了我们心灵上的一扇窗户。左上角的那一格窗口，被称为"开放我"，又叫"公众我"。这格窗口所代表的，是我们内心中可以显露于外的部分，比如说相貌、性别、职业、能力、籍贯、爱好、成就等。这些能够公开的信息，组成了心灵的自由活动领域，是了解自我、评价自我的最基本的依据。

当然，每个人"开放我"的大小都不一样，与一个人自我心灵的开放程度、人际交往、个性张扬的力度和广度有关。像是当红的演员，他的"开放我"就比一个默默无闻的工人的"开放我"要大得多。

接下来，是我们心灵右上角的那一格窗口，被称为"盲目我"，又叫"背脊我"。之所以会得到这个名称，是因为它属于我们自我认知中的盲点区域。所谓的"当局者迷，旁观者清"，讲的就是"盲目我"。

"盲目我"所代表的是潜意识层面的行为特征，比如说一些突出的心理特征，一些不经意的动作或是习惯，等等。这些情绪流露自己往往体察不到，只有在他人告诉你时，你才会有所了解，但是一般会做出惊讶、辩解或是有所怀疑的态度，因为那根本不是你想象中应该出现的情况。

当闺蜜严肃地告诉小红，自己实在是受不了她言而无信的一面时，小红十分委屈。"我哪里言而无信了？"小红辩解道，"我什么时候答应过你什么事没有做到？""上个星期你说陪我一起去买衣服，但是临时变卦；上个月你说会帮我介绍男朋友，可是这会儿恐怕忘得干干净净了吧？"闺蜜质问道。小红被说得哑口无言，闺蜜不说，她几乎把这些事儿忘得干干净净，不过……用得着发这么大的火吗？小红嘀咕着，谁还没有点忘事儿的时候呢？

像小红这样的情况，就是看不清自己"盲目我"的表现，她这种轻易承诺，转瞬间又会忘得干干净净的特征，被别人揭露出之后，她反而是最吃惊的。

"盲目我"，是自己看不见，别人看得见的心灵的一面。通常，习惯于自我反省，自我观察的人，"盲目我"会相应地小一些；而那些从来不自省的人，"盲目我"会非常之大。

像西施捧心、东施效颦的故事，也有着类似的撷趣，西施在捧心时，并不知道自己有多美，但却被别人看在眼里，所以才出了东施效颦的趣闻。

第三格窗口，叫作"隐藏我"，又被称为"隐私我"，指的是我们心灵中隐私的一部分，这一部分通常是我们自己知道，但是别人不知道。个人秘密、缺点、往事、痛苦、欲望、疾病等，都有可能成为"隐藏我"的内容。

没有任何隐私的人是不存在的，因此，每个人都会有"隐藏我"。但是，"隐藏我"如果过多，那么"开放我"就会越少，这样的话，就好像在我们的心灵与外界之间筑起一道高墙，无法与外界进行正常的交流。

一般"隐藏我"过多的人，是自闭、隐忍、胆怯、虚荣或是自卑的人，这样的人通常会压抑自己，同时也让周围的人感到压抑。所以说，我们应该努力面对"隐藏我"，探索自我，直面自己的本质。

最后一格窗口，就是"未知我"，又叫"潜在我"。"未知我"与我们讲到的潜意识，有着极其紧密的联系，甚至可以说："未知我"就是我们平时所说的潜在的自己。

"未知我"对于一个人来说，属于未经开发的处女领域。一些潜在的能力或是特性，或是在特定环境里所能体现出的才干，都属于"未知我"的一部分。

对于"未知我"，我们要更努力地探索开发，只有更好地认识自我、激励自我，才能够发展自我、超越自我。在这个过程中，行为心理学能起到的作用最大，因为人们的"未知我"，通常是由无意识的行为动作来表现。可以说，掌握好行为心理学，就能够掌握判断他人"未知我"的技巧。

周哈里窗的四格窗口在我们每一个人的心里开着，认清这四格窗口，对于我们自己来说，是能够认识自我、辨析自我、提升自我的最好方法。

拥有预见他人行动的"先知之眼"

我们每个人都有心智模式，这种特定的心智模式，会根据我们的行为态度表现出来，形成一种特殊的可预见的习惯。因此，通过行为心理学深入辨析研究，我们可以拥有预见他人行动的"先知之眼"。

《列子》中有一则名叫《齐人失斧》的寓言，讲的是齐国有一个人丢失了斧子，怀疑是自己的邻居偷走了。自从产生了这个想法之后，他就觉得邻居的一举一动都很像小偷，不管是干活、吃饭、聊天，都是一副贼眉鼠眼的样子。

但是没过多久，斧子在他的后院里找到了。从这之后，这个人再看邻居，怎么都觉得他一身正气，丝毫没有小偷的感觉了。

这个寓言所蕴含的心理学道理，就是心智模式。心智模式是20世纪40年代，苏格兰的心理学家肯尼思·克雷克创造出来的，又被称为心智模型。简单地说，心智模式指的就是深深植入在我们内心中的关于我们自己、别人、组织甚至是世界每一个层面的假设、形象和故事，也就是现在网络上的通用语"YY"，但是，这种"YY"并不是天马行空的想象，而是受我们的定势思维、习惯思维和已有知识的局限，是一种特定的思维模式。

这种思维模式是根深蒂固地存在我们心中的，对我们平时对待他人、采取行动，乃至于世界观、价值观都有着非常深远的影响，是我们认识任何事物的方法与习惯。当我们的心智模式与认知事物发展的情况相符合的时候，它可以让我们的行动倍加顺畅，有"事半功倍"的效果；反之，当我们的心智模式与认知事物发展的情况不相符时，我们原先的构想就无法实现，甚至会酿成严重的后果。

美国麻省理工学院彼得·圣吉博士曾在自己的著作中阐述了这个道理：

他研究的对象，是一批从业多年的电气工人。电气作为高危行业，每一个上岗的电气工人，都要经过严格的培训和定期的考核，才能取得从业资格。

可是即便如此，操作事故仍然在这个行业里层出不穷。

圣吉博士深入这批电气工人的内部，发现他们在应答试卷、阐述理论时十分专业，但是在实际操作中，唱票复诵逐项打钩等流程，就被他们视为"小儿科"，因为怕麻烦而没有一一执行。

这些工人们比谁都清楚从业的危险性，他们在进行安规考试，甚至是现场监察时，都能够一板一眼地做到最好，但在实际操作时却经常粗心、心存侥幸、麻痹大意，有些人即使出了误操作，都不知道是怎么一回事。

这样的习惯性违章，究其根本，源于长期的不良的心智模式。要知道，习惯性的行为，往往不是人有意识的行为，而是下意识，也就是潜意识下的行为。在这种长期的不良的心智模式的影响下，拥护理论和实际操作的差距越来越明显，最终发展为下意识的行为，严重威胁着工人们的安全。

圣吉博士认为：心智模式，是人们脑海中"简化了的假设"。他认为人们在面对事物，或是需要采取行动时，脑海里浮现出的并不是完整的、全面的事物的图像影像，而是被概念化的假设、成见和印象。也就是说，人们经常会以经验来决定去怎样观察事物，采取怎样的行动。

这并不是说心智模式就是人们的成见，是贬义的，而是经验、习惯的总称。每个人都有心智模式，我们或许不曾察觉，但是，它确实在影响我们的行为和决断。

因此，认识到自己的心智模式，还有通过行为认识到他人的心智模式，对于掌握他人心理，了解他人习惯，有着重要而深远的意义。

通过归纳总结，圣吉博士描述出心智模式的五个典型特征：

普遍性

对于心智模式，人们早有觉察，但是一般人都认为这只是个人身上的特例。然而，心智模式是一种认识和行为上的普遍现象，每个人都存在心智模式，并且总是通过自己特有的心智模式来进行思考和行为。

隐蔽性

心智模式是隐蔽的，不易察觉的，我们经常把习以为常认为是理所当然，这就是心智模式在作祟。可以说，每一个人都被自己的心智模式指挥着观察、思考、行动，但是自己往往没有察觉。

两重性

就像那些违规操作的电气工人，他们的心智模式表现在拥护理论和实际操作完全分离。这种分离，不是有意识地阳奉阴违，说一套做一套，而是人们肯定一种理论，但是在实际操作时却按照自身的习惯来动作。

偏执性

人们总是透过自己的眼睛来看世界，换句话说，人们总是依靠自己的心智模式去判断世界。通过观察、沉淀，人们脑海中留下的，通常是符合自己心智模式的东西，再加以记忆、转化，对于不符合自己心智模式的东西会自动排除掉。因此，心智模式具有一定的偏执性，会让我们将没证实的推论视为事实，致使人们做出具有偏见的决定，难以客观公正地看待事物。

不断成熟性

心智模式的好处，在于人们可以通过一定的心智规划而省下不必要的行动。人们因为在社会中所处地位、背景、文化、价值观的不同，心智模式不可能是完善的。也正是这种不完善性使得人们的心智模式可以不断地修炼发展，向更高层次提升。

不要小看"过去"对人的影响

不要小看"过去"这个词对人的影响，我们现在的种种行为所反映的，都是我们过去未曾被满足的意识。了解自己内在的小孩，我们就可以了解自身，改正缺点；而了解他人内在的小孩，则更有利于深入人心，掌控他人。

一匹小马被拴在木桩上。它年龄还小，非常调皮，不是想去追逐翩翩飞舞的蝴蝶，就是想去啃两口路边的青草，但是以它的力气，根本无法撼动拴着它的木桩。因此时间久了，当小马被拴在木桩上时，它就安安分分地不再挣脱。

渐渐地，小马长成了大马，它的力量成倍地增长，可以拖动几百斤的大车，也足以拔起那根小小的木桩，但是，每当大马被拴在木桩上时，它就会像小时候一样安分，丝毫没有去撼动木桩的念头。

习惯是一种恐怖的力量，特别是从小养成的、根深蒂固的习惯。而这种习惯性，与我们要讲的"内在小孩"有着很大的关联。

新精神分析流派、现代客体关系心理学认为：大多数现代人都有一种内在的关系模式，这种模式决定了我们与其他人、社会、世界，甚至是自己的相处模式，这种模式多在人们六岁之前就已经确立了，在行为心理学中，被称为"内在的小孩"。

简单来说，内在的小孩就是父母在儿童幼年时，对待他们的方式、方法和行为等，在孩子们内心形成一种固定的模式，在孩子成年后，他们会不自觉地将这种模式套用在自己，甚至是他人的身上。基于这一点，我们可以反其道而行之，通过"内在的小孩"的外在表现，来轻易推断出他的过去、性格，乃至于通过这一点，达到控制他的目的。

阿桑是一位众人眼中的"女强人"，她做事刚烈果敢，进取心强，进公司短短不到两年的时间，就从一名普通的职员荣升为副总经理。

阿桑坐上副总位置的那一天，每一位和她交好的同事都十分喜悦，纷纷夸她"事业有成"，但反观阿桑自己，却仍然是一脸落寞的模样。

"难道坐上副总的位置，你还有什么不满吗？"十分看重阿桑的总经理问她。

"不是这样，杨总。"阿桑摇摇头，"能够升上这个职位，我当然十分高兴，可是，有时候我却在想一个问题：我总是在不停地追求成功，可是对我来说，成功究竟是什么呢？"

阿桑之所以会产生这样的迷惘，与她小时候的家庭环境分不开。她是家里的大女儿，还有一个妹妹，比她小两岁。

妹妹年纪小，也十分聪慧，因此比阿桑更得父母喜爱。每次考试之后，父母总会拿着妹妹的试卷大加夸赞，给她口头或物质上的表扬。但是阿桑学习稍差一些，不得父母喜欢，因此总是被冷落在一旁。

不甘如此的阿桑分外努力，成绩节节高升，可是，无论她如何用功，父母都对她所取得的成绩视而不见。慢慢地，阿桑觉得是自己取得的成功还不够大，还不够明显，因此，她要取得更大的成功好在父母面前证明自己。可是，努力了这么多年，阿桑却越来越迷惘，不知道自己这些年的努力，究竟是为了得到什么。

阿桑之所以会有这样的感觉，与她小时候养成的"内在的小孩"分不开。

她内在的小孩是如此的需要成功，需要被关注。但是，在长大之后，她显然无法得到来自父母当时那样的肯定，因此对自身产生了迷惘。这时候，如果有人能够给她类似的感觉，那么她必然会对那个人死心塌地。

阿桑也许还表现得不够明显，但我所认识的小斌，就是非常典型的这种人。

小斌和小徐是同组的同事，从能力上来说，小斌要比小徐强一大截，但是他却经常帮小徐做事，小徐也心安理得地指使着小斌去做这个做那个。

不少同事都不理解他们的这种关系，在他们看来，小斌完全不需要这么依赖小徐，以他的能力，就算是一个人单干，也能独当一面。

但对于小斌来说，却不是那么一回事。在他认识小徐之前，他每做一件事，总要瞻前顾后地考虑半天，生怕自己做不好，不如别人，更怕挨老板的骂。于是，交给他的任务，他总是想做到尽善尽美，但往往因为这一点而耽误了时间，让老板大发雷霆。

自从跟小徐"搭伴儿"之后，小徐每天要做的事情，就是鼓励小斌，恭维小斌，让他对自己做下的工作没有后顾之忧。

毫无疑问，小徐正是摸清了小斌"内在的小孩"，才能够依着他的脾气秉性，为自己所用。

　　"内在的小孩"影响的意义是如此深远，它不会随着我们年龄的增长而自然长大，反而会在我们陷入痛苦或是困境的时候，强烈地爆发出来。

　　这是一种拴住我们自己的力量，但同时，如果能够认识并突破它，对于我们的成长，会有着极大的推动作用。

认知失调的自我平衡

　　互相冲突的认知是我们心理的一种原动力，人们为了降低认知之间的冲突，平衡心中的落差，强迫自己接受或是寻求新观念，像这样的过程，就被称为认知失调的自我平衡。

　　认知失调，指的是人们因为做了某项与自己的态度不一致的行为，而引发出的不舒服的感觉，也就是个体认识到自己具有两种态度，这两种态度之间，或者是自己的态度与行为之间存在着矛盾。这种矛盾通常会引起心理紧张，为了克服这种紧张，人们会用许多方法来减轻这种感觉。

　　老王是一个抽烟近十年的老烟迷，但是最近，爱人与他大吵了一架，所以他下定了决心，一定要把烟戒掉。

　　可是，这决心下了没两天，一次同学聚会时，多年的哥们儿随手就递了一根烟过来。

　　抽，还是不抽呢？

　　眼看着周围的同学吞云吐雾，老王的心里也痒痒的，但是他还是摇摇头拒绝了："不了，我戒了。"

　　"拉倒吧，我戒了饭，你小子也不能戒烟。"哥们儿二话不说，将烟塞到了老王手里。

　　拿着那根烟，老王思量再三，终于一狠心点着了它。

　　看来自己还是喜欢抽烟的，就算不是为了缓解压力，可生活中有那么多场合需要抽烟，只能说少抽点儿了。以后别人给烟，大不了能推就推，实在推不掉再抽好了。

老王这种心理变化，就是一个认知失调的过程。他原本想戒烟的想法，和哥们儿给他递烟不得不抽的行为产生了认知失调。为了平衡这种落差，他为自己找了"自己还是喜欢抽烟""为了缓解压力"还有"生活中有那么多场合需要抽烟""以后能推就推"这四个理由，从而说服自己心安理得地享用那支烟。

费斯廷格认为：每个人的认知结构，或是心理空间，都是由各种各样的认知元素构成。这些认知元素，是独立的、相对的，而一旦一个人心中的两个认知元素产生了冲突，那么就会造成认知失调。伴随着认知失调的增加，用来降低或是消除失调的心理压力就会越来越大。

与此同时，认知失调理论也认为认知与行为之间有着必然的联系，只有先有行为的改变，才会有认知的改变，而认知失调效应，只是作为中介而已。人们之所以要改变认知，平衡失调，追根究底是为了给行为一个理由，让自己的行为合理化。

所以说，我们平时如果看见某人言行不一，或是态度与行为上有着截然相反的差别，那么就可以细心观察他的行动，运用行为心理学进行分析，很容易就可以找出他认知失调的原因。

这样的例子在生活中很常见，如心中鄙视无能的上司，认为他们是依靠权势才坐上这个位置的下属，在面对上司时，仍然要表现出一副唯唯诺诺、卑躬屈膝的样子，这就是典型的认知失调现象。

那么，我们应该如何减少自己的认知失调呢？通常来说，有四种方法可以运用：

改变认知

如果两个认知之间相互矛盾，那么我们必须改变其中的一个认知，让它与另一个认知相一致。比如说我们平时见到的都是白天鹅，就会想当然地认为天鹅都是白的，这时，如果我们看到了一只黑天鹅，那么就得改变我们原有的认知——天鹅也有黑色的。

增加新的认知

当有两个不一致的认知导致认知失调时，我们可以增加新的认知，来协调我们认知的失衡感。老王为自己找的抽烟的借口，就明显属于这一类。

改变认知的重要性

通过比较两个不一致的认知之间的重要性，以更重要为其中的一个认知加权，从而减少失调。

改变行为

因为认知失调与行为之间有着必然的联系，所以改变行为，也可以减少心中的失调感。只是对于大多数的人来说，改变行为比改变自己的态度更加困难。

7

Chapter 7

微表情与性格

自卑情结：优秀源自对自卑感的超越

如果我们要超越自卑，就要对自己做全面了解，发现自己的优点，做自己最擅长的事情，不要盯着弱点不放；要寻找产生自卑的深层原因，从源头上瓦解自卑情结；还要扬长避短，把某种缺陷转化为前进的动力，用成功强化自信。

1927年，A·阿德勒（AlfredAdler）出版了《超越自卑》一书，他从个体心理学观点出发，以自卑情结为中心，创立了个体心理学。在他看来，人类的所有行为都源自自卑感以及对自卑感的克服与超越。

他在书中以轻松的笔触描写了自卑感对行为的影响、个人如何克服自卑感，以及如何将自卑感转化为一种积极向上的心态，最终创造人生的辉煌。

阿德勒指出：每个人都有不同程度的自卑感，因为没有一个人对自己此时所处的地位感到满意；对优越感的追求是所有人的通性。然而，并不是人人都能超越自卑，关键在于正确对待职业、社会和性，在于正确理解生活，明了人生的真谛。

那些自幼就有器官缺陷或被父母溺爱或被忽视的儿童，更容易在以后的生活中误入歧途；家长和老师应培养他们对别人、对社会的兴趣，使他们真正认识"生命的价值在于奉献而不是索取"。这样，他们就能够从自卑走向超越。阿德勒修正了弗洛伊德泛性论的精神分析观，使精神分析步入了新的里程。

因此，那些希望克服自卑感并在生活和事业上功成名就的人，会因《超越自卑》一书受益匪浅。

阿德勒的童年命运多舛，并且灾难不断，被灰暗笼罩着。这让他产生对死的恐惧，并因身体虚弱而感到的悲哀。他觉得自己又丑又矮又笨，还患有驼背，无论怎样努力都赶不上哥哥，样样不如哥哥，因此他自惭形秽。这既是阿德勒不快乐的根源，也是他自卑的重要原因。阿德勒的许多观点都可以从他的童年生活中找到蛛丝马迹。5岁时，他患了肺炎，让他险些命丧黄泉，所以阿德勒的目标就是做个医生。

他举例说："记得我3岁的时候，曾经从婴儿床上摔下来。"伴随着这种最原始的记忆。他反复做着这样的梦："世界末日来临了。我在午夜忽然醒来，看到天空被火光照得通红。星星像雨点一样纷纷坠下，地球将要和另一个星球相撞。但是，在被撞之前，我醒过来了。"有学生问他是否害怕什么东西，阿德勒回答道："我怕我不能在生活中获得成功。"

这说明儿童的心理创伤会造成自卑感，因为他们非常弱小，必须依靠成人生活，行为举止都受到限制。一旦他们利用自卑感作为逃避的借口，便有可能发展成为神经病。若这种自卑感继续存在，就会产生一种充斥心间的不良情绪，便会构成"自卑情结"，会使他们萎靡不振。严重者儿时对父母敌视，长大后仇视社会，对任何人都不相信。

那么，何谓自卑呢？在心理学上，自卑是一种消极的自我评价或自我意识。如果一个人自卑，他就会低估自己的智力、能力、形象和品质；总是拿自己的短处和别人的长处相比，越比越觉得自己不如别人；开始自惭形秽，进而悲观失望，低迷消沉，不思进取，甚至破罐子破摔。

所以，自卑往往导致失败。克服自卑心理是一个非常重要的心理问题。一个人长得矮，为了显得高一些，总是踮起脚走路。两个小孩在比身高的时候，经常可以看到这种现象：担心自己矮的小孩，会挺直身板，并紧张地保持这种姿势。你如果要问他，是否担心自己矮，一般他不会承认。

有自卑感的人并不仅仅表现在比较安静、拘谨、柔弱、顺从，其表现往往千差万别。有三个小孩第一次来到动物园里，站在关着狮子的铁笼面前。第一个小孩面如土色，吓得浑身发抖，紧张地躲在母亲身后，央求道："妈妈，我们回家吧！"第二个小孩僵硬地站着，脸色白得像一张纸，用颤抖的声音说："狮子有什么了不起的，我一点儿都不怕！"第三个小孩目不转睛地盯着狮子，问他的妈妈："我可不可以吐它一口唾沫？"实际上，三个在狮子面前深感处于劣势的孩子都有自卑感，但他们分别以自己的方式表露了自卑。

自卑情结能把一个人的意志够摧毁，使他沉沦颓废。但是阿德勒认为，自卑是可以超越的，关键在于激发人内心的超越自卑的潜在渴求，使他们通过努力来补偿自己的缺陷。

1907年，阿德勒发表文章说，缺陷可以引起自卑及其补偿。由于身体缺陷或其他原因造成的自卑，一方面能摧毁一个人，使人自甘堕落或变成精神病；另一方面，它还能使人发愤图强，立志振作，以弥补自己的缺陷。古代希腊的戴蒙斯赛因斯小时患有口吃，经过数年的苦练，竟成为著名的演说家；美国的罗斯福总统，患有小儿麻痹症，却不屈不挠，艰苦奋斗，最终成为家喻户晓的历史名人；尼采体弱多病，他弃剑就笔，成为一代哲学大师。这些例子说明，一个人在某个方面有缺陷，有时候会迫使他在其他方面求得补偿。古往今来，这样的人举不胜举。

1911年，受德国哲学家怀亨格的《"虚假"的心理学》一书的影响，阿德勒认为，促使人类做出种种行为的是人类对未来的期望，而不是他们曾经的经验。虽然目标是虚假的，却能使人类根据期待做出种种行为。

很多时候，个人并不了解其目标的用意，因此，这种目标经常是潜意识的。阿德勒把这种虚假的目标之一称为"自我的理想"，认为个人能从中获得优越感，并能维护自我尊严。

踢猫效应：坏心情是怎样传染的

在我们的情绪的中，无论是喜、怒、哀、乐，其产生都有一定的原因。情绪有好有坏，感染的效果也会有正有负。现代医学研究发现，大多数人的疾病往往会从不良的情绪、失衡的心理中产生。良好的情绪会构成一种健康、轻松、愉悦的气氛，而坏情绪会造成紧张、敌意的气氛。在坏情绪的影响下，人际交往不但会出现问题，人还容易生病。为此，人们应该像重视环境污染一样，真正地把情绪污染重视起来。

一天，一位服装店的老板心情很糟糕，半路上被一个交警开了罚单。他到自己的服装店的时候，发现一个女店员正在偷懒，就大声地呵斥了她几句。过了一会儿，有一位女医生来买裙子，让这个女店员去拿了好几次货。女店员因为被老板骂了一通，心情不好，就不耐烦地说道："你买不买啊，一条裙子还挑来挑去的？"女医生本来热情高涨，被这个女店员说了一句后，顿时变得沮丧起来，就这样带着一肚子气去上班，拉着脸给病人看病。刚好有一个病人问她说："医生，我下个星期能不能不输液啊？我觉得自己好多了。"

这个医生怒气冲冲地说道："你是医生，还是我是医生？你什么都自己觉得，还要我这个医生干什么？"病人怏怏地走了。碰巧，这位病人正是那个交警的妻子。她闷闷不乐地回到家里，自然会对家人施以脸色，说话的语气肯定不会太好，这就会影响到整个家庭的和睦。家人走出家门，还会和其他人接触，于是形成了一个恶性循环，造成了情绪污染。

　　情绪是客观事物作用于人的感官而引起的一种心理体验。情绪有好有坏，感的效果也会有正有负。现代医学研究发现，大多数人的疾病往往会从不良的情绪、失衡的心理中产生。良好的情绪会构成一种健康、轻松、愉悦的气氛，而坏情绪会造成紧张、敌意的气氛。在坏情绪的影响下，人际交不但会出现问题，人还容易生病。为此，人们应该像重视环境污染一样，真正地把情绪污染重视起来。在心理学上有一个著名的踢猫效应：某公司职员杰克被老板骂了一顿；杰克很生气，就回家跟妻子吵了一架；妻子莫名其妙地被丈夫数落，正好儿子回家晚了，于是就打了儿子一记耳光；儿子捂着脸，看见自家的猫就狠狠地踢了它一脚。

　　我们在现实生活和工作中很容易发现，类似的踢猫效应屡见不鲜。在人际交往时，坏情绪扮演着非常恶劣的角色，有很多人在受到坏情绪传染后，并不能冷静地思考，也不会去分析自己为什么受到别人的斥责，总觉得心里很不舒服，于是就会下意识地去找替罪羊发泄心中的怨气。受到了别人的指责，心情不好是可以理解的，但是我们不能把这种不良情绪传递给别人，踢猫效应不仅于事无补，反而更容易激发其他矛盾。所以，如果有人训斥了你或者给了你脸色看，你要这样想：也许是别人踢了他的"猫"，所以他才会来"踢我"，他的所作所为与我没什么关系。当然，我们除了保持这种乐观的想法，还要学会如何对消极的事物做出积极的反应。

　　比如你老板遭到老板的训斥你，也许是他的生意伙伴背叛了他，还可能是昨天晚上他的妻子抱怨他没有洗脚，还有可能是他上午在路上压了线被吃了罚单。这时候，作为一个员工必须要忍，不能流露出一丁点不满情绪。这就意味着你已经能对消极的事情做出积极的反应了，最好能够以愉快的态度去面对不愉快的事情。不要认为这是软弱的表现，事实上这种反应是最明智的。不管是工作还是生活中，我们都要防止情绪污染，从自我做起，尽量做到不将坏情绪传递给家人、朋友、同事。遇到消极情况时，还要学会调整情绪的技巧，遇到烦恼和挫折不能传染给他人，自己能够承受的一定承受。我们如果发现周围的人情绪不佳，还要及时做好疏导化解工作。

　　心理学家研究发现，两个时间是人的情绪变化的关键时间：早晨就餐前和晚上就寝前。要想保持好的情绪，就需要特别注意在这两个关键时间段内调整心态，和家人和睦相处，避免引起情绪污染。通常情况下，家庭某一个成员情绪不好时，其他成员就会受到感染，产生相应的情绪反应，造成沉闷、压抑的不良情绪。当然，人都是情绪性动物，任何人都会有情绪低落的时候。遇到自己心情不愉快的时候，我们要有忍耐和克制精神，把不良情绪尝试着转移到其他事物上，不能把自己的坏心情传染给别人。

忘记是否因为记性不好

　　"健忘"在微行为心理学上并不是简单的记性不好的问题，而被认为是某种意识被压抑的结果。一个人即使自我抑制的能力再高，也无法永远安全地压抑自己的本意，那些被压抑的欲望总会无意识地流露出来。当一个人想极力掩盖自己的真实意图时，他就会不停地告诫自己"绝对不能表露出来"。可实际上，在这个自我压抑的过程中，他们极易无意识地发生各种"健忘"行为。我们在生活中，可能会经常听到这样的声音：

　　公司前台的玲玲总抱怨道："我男朋友真是个猪头，他竟然忘了我们相恋的时间。昨天是我们相识两年的日子，在吃饭的时候，我还特意提醒了他，没想到他竟然彻底忘记了，还说我莫名其妙，我一生气就走了，我要打算和他分手！真是的，这是什么男人啊，真不可靠！"你的闺蜜也许会向你这样诉苦："我和我男朋友是异地恋，我知道他真的很忙。虽然他也知道我的生日，还在我生日的前几天给我邮寄了生日礼物，可是在我生日的当天，他却忘了祝福我。我真的很伤心，连我这么重要的日子都能忘，他还爱我吗？我打电话给他，他说他也很郁闷，说我一点都不理解他，他工作那么忙，让我原谅他。你说我该原谅他吗？他忘记了我的生日，是不是他已经不在乎我了？是不是不像原来一样爱我了？我能把自己的终身托付给这样的男吗？"

　　你的邻居张姐可能也会对你这样说："我的老公可气人了，

他竟然把我们的结婚纪念日然忘了，而且还振振有词地说男人都这样，男人嘛不都是大大咧咧的。我当时就生气地骂了他一顿，他真是过分。有一次他还忘记了我的生日，就更别提送礼物了。你说，我该跟他大吵一架还是冷战到底呢？你说这样正常吗？"

可能你会说，认为这当然不正常，男人再忙也会记得爱人的重要日子，忘了你的生日说明他不爱你了，这说明他不怎么在乎你了。可有人并不这样认为，他们觉得男人本来就是很粗线条的。男人忘记了爱人的生日并不代表他不爱她，只是说明他比较粗心。很多时候，女人总愿意把爱与不爱和男友记不记得自己的生日联系起来，但实际上很可能只是他们不太擅长记住这些不特别的日子。那么到底谁说得对呢？是什么样的心理原因引发这样的健忘呢？

相信上面的那些情况你甚至亲身经历过，也有过一些被人遗忘的经历。为什么他们会忘记呢？当然，如果积极地想的话，我们可以认为男人是因为工作忙、压力大的缘故，确实无意识地忘记了。但是，假如男人最近不断地"遗忘"你的"特殊"的日子的话，那这个女孩子就需要提高警惕了，也许你们的感情真的出现了问题。下面我们从心理学的角度客观公正地看看男人们健忘的背后隐藏着什么深意，是不是像我们想象的那样呢？一般情况下，人们会把主观意识难以控制的偶然的失误理解为"健忘"。但是，健忘在心理学看来，并不是简单的记不住，而是蕴含着特别的含义。通常来说，所谓的"健忘"有以下三种类型：

1.忘却，这里的忘却不是永久性的忘记，而仅指在一段时间内想不起来。

2.口误、笔误、说错字、视听错误等。

3.忘记摆放物体的地点，常表现为"怎么平时常用的东西突然找不到了"。之所以会出现这种情况，是因为在心理潜意识中自己并不真的在乎这个东西，很想寻找另外的替代品，或者根本就不愿意提起这个东西，连带着送这个东西的人都想忘记。

心理学认为，为了更好地适应复杂的人际关系，人们一般都会倾向于在潜意识中隐藏自己内心的真实想法。比如，即使你不喜欢对方，但为了获得对方的认可，还要表现出自己非常欣赏对方的样子；或者你与某人有些隔阂，但在外人面前，你可能表现得与那人非常亲密，这就表示你在努力隐藏自己的攻击欲望。健忘的道理也是如此，即使人们已经非常努力地去表现，但在无意识中健忘还是会出卖其淡漠的本意。因为一个人即使自我抑制的能力再高，也无法永远安全地压抑自己的本意，总会无意识地把那些被压抑的欲望流露出来。

所以，"健忘"在心理学上并不是简单的记性不好的问题，而由于被某种意识压抑的结果。就像上面那些遗忘女友生日的男人们，如果他们经常忘记约会，和恋人的亲密度有所下降，很可能这就是爱情变得淡漠的预兆。因为，当一个人想极力掩盖自己的真实意图时，他就会不停地告诫自己"绝对不能表露出来"。可实际上，在这个自我压抑的过程中，他们极易无意识地发生各种"健忘"行为。由此看来，怀疑自己男友的女孩子们确实要警惕起来，千万不要轻视了"健忘"。如果你感到他对你"健忘"的事情越来越多，你在此时就需要重新思考这段感情了。

除此之外，不可轻视另一种健忘。现在越来越多的年轻人自己记不住东西很是不解，还有一些人出现了严重的记忆力下降、失眠、困乏、头晕等症状。这又是什么原因呢？这些健忘症往往是老年人的专利，可在我们身边为什么那么多的年轻朋友也会出现这样的健忘症状呢？这是神经系统的问题，还是心理因素导致的呢？一些医学专家研究认为，年轻人"健忘"多属假性记忆下降。一位神经内科专家表示，年轻人记忆力下降和年龄没有太大的关系，一般来说，敏感类型的人容易出现记忆力下降现象，这和心理因素有着很大的关系。心理研究证实，长期处于较大的精神压力之下是绝大多数年轻人记忆力减退的原因，由于心理、精神、睡眠等出现问题，才会引发一系列的"健忘症"，一般表现为紧张、焦虑、记忆力下降。所以，当压力得以释放，心理不良诱因得以解除，就能够彻底消除假性记忆力下降问题。

类似的"健忘症"如果症状在短时间内不能得以缓解，我们就要尝试用一些心理手段来调适自己的情绪：

1.自我疏导。转移负面情绪，把你的注意力转移到新鲜事物上。若心理上产生了新的体验，有可能驱逐和取代你的不安和健忘。

2.自我放松。健忘的时候，可以有意识地在行为上表现得快活、轻松和自信，还可以借助音乐、瑜伽、冥想等方法来帮助你放松情绪。

3.自我刺激。当你实在想不起一件事的时候，那就去想象失去某些重要东西的种种危险性，让这种自我刺激帮你回忆起失落的记忆。当你觉得在这个过程中没有什么危险的时候，即使想象不到也可终止刺激，或许过一段时间你的记忆力就会回来了。

为何无缘无故就感到日夜煎熬

大多数人一说到焦虑，便会想到焦急、烦躁、忧虑等不良情绪等字眼，在心里认定自然而然地焦虑并不是什么好事，因为这种不良的情绪会对我们的日常工作生活带来巨大的影响，会让我们难以静下心来面对所遇到的人和事，难以跟身边的人和谐相处，难以……

不仅仅如此，还会严重地影响到我们的身体健康。虽说我们没有人愿意如此，但事实上，我们又有多少人不会感到焦虑呢？尤其是在现今竞争激烈的社会环境中。

焦虑，可以说就像是影子一样跟随着我们，并且时不时地跳出来，就像是一团炙热的火焰在日夜地煎熬着我们，给不少人带来了痛苦。

焦虑真的有这么可怕吗？

在很多时候，只不过是我们在脑海中放大了焦虑对于我们情绪上所带来的影响罢了。在心理学上却认为，人们出现焦虑并不一定全部都是坏事。

弗洛伊德最早从心理学对焦虑进行了研究分析，并把人们所出现的焦虑分为客观性焦虑和神经症性焦虑。

客观性焦虑，就是我们对于环境中真实存在危险的危险的反应，例如，我们有些人在平时不善于言语。突然问要他当众发表演说，在这个时候，他们由于原来没有类似的经验。自然就会担心自已说不好，难免就会感到焦虑。我们不少人所表现出来的焦虑，就是这种焦虑。

而神经性焦虑则是潜意识中矛盾的结果，在现实生活中。在突然间，我们不少人会感到烦躁不安，又不知道究竟是什么让他们会有着如此的感觉，就是因为如此。

事实上，任何一种焦虑在实质上都是因为我们在内心深处感到了"威胁"，并且在心里面希望能够这种"威胁"而产生的反应消除掉。

马丁·赛利格曼，美国的一名著名的心理学家，也是心理自助畅销书《认识自己，接纳自己》的作者，就把焦虑比作人的心灵之舌，并认为焦虑是危险来临时的信号，促使我们深思熟虑、冥思苦想，找到各种可能解决的方法。

这也就更进一步地说明了，焦虑并非如我们大多数人所想象的那般可怕，并非全部都是坏事。

相反，从一定程度上来说，还对我们有一定性的推动作用，即会让我们积极地去面对一些让我们可能感到威胁的事，让我们避免掉一些可能不好的事情发生。

可惜的是，在现实生活中，我们总是对于焦虑存在着各种各样的错误的认知，不能正确地面对焦虑，再加上焦虑给我们带来的不好的情绪体验，当焦虑出现时，不少人会出现选择性地逃避。

一件东西被摆放在桌子上面，你是不想看到或者说是你一时之间没有察觉到，它就不会存在吗？

当我们感到焦虑，觉得有危险存在的时候，如果我们不能够找到真正的原因，并且积极地想办法解决，那种威胁仍然存在。

所给我们带来的焦虑是永远不可能消除的，反而会在不停地折磨着我们，伤害到我们心理、生理。

　　自从小许带了新的团队后，人就变得焦虑起来，总会有一种莫名其妙烦躁困扰着他，总是觉得自己有许多事要去做，却又不知道具体该怎么做，以至于显得很忙很乱。

　　甚至有些时候，他躺在床上休息，在半睡半醒之间突然间翻身爬起，连自己也都不知道为什么会把电脑打开，他明明记得自己好像是有些什么事情没有处理好，要急着处理，可是当电脑完全启动后，他对自己到底想要干什么又充满了迷茫，便坐在电脑前发愣……

　　为什么他会变得如此呢？

　　从心理学的角度上来看，原因很简单，那就是当他来到了一个全新的环境后，由于新的环境的转变，再加上他所在的公司竞争较为激烈，以至于在他的内心深处害怕、担心自己不能够融入新的环境之中，不能够把事情做到令人满意，会被激烈的竞争所淘汰。

　　说得简单些，就是他的那种焦虑就是他预感到了危险的存在，而他之所以会产生一系列的行为，看似是情绪上的不安，实质上是在积极地寻找一种解除危险的方法而带来的结果。

　　那么，我们如何才能走出这种焦虑不安的情绪？

　　从心理学上来说，一些人不管如何努力，都是不可能真正地消除掉他所预感到的威胁。因为他所预感到的这种危险，在很大程度上并不是真正的危险，而是存在于脑海中的一种假设，它不是具体存在的，只是你觉得而已。

　　换一种说法就是，他所预感到的危险，或者说是让它焦虑的事情并不一定真实存在，他所做的一起都是在跟自己较劲。否则的话，他又怎么能够会像是一只没头的苍蝇在胡乱地折腾呢？

　　在这个时候，我们最要紧的是先让自己安静下来，不要去与之对抗，更不要试图选择采取各种方式去逃避。

　　倘若我们敢于正视自我的焦虑，就能够很快地从焦虑之中走出，甚至一些危险来临之前能够在做好相应的准备。

抑郁是内心黑暗无边的阴霾

似乎不用做过多的解释，我们大多数人都抑郁有着较为深刻的感受。它是在现今社会中肆掠横行的一种心理病症。当我们在打开电脑浏览网页，或者在观看一些有关心理健康的栏目时，总会看到这样的字眼，也会看到某某名人身患抑郁症的新闻。为什么在现今科技文明、物质高度发达的社会，我们越来越多的人会变得越来越抑郁呢？抑郁，从心理学来说，这是由于我们在现实的生活环境中眼睁睁地看着绝望、挫折、失落一步步地逼近，我们自己却感到无能为力的情绪反应。当这一点明确后，或许我们就能够知道现代人为什么会变得如此抑郁。

可以这么说，我们现代人感到抑郁已经是习以为常的事了。为什么这么说呢？著名的人本主义心理学家马斯洛告诉我们，每一个人都有着"自我实现"的追求，换成较为普通的说法，那就是我们每一个人都有着自我的追求、自我的理想。在这儿，我们暂且不去说我们的追求与理想具体是什么，但有一个不能违背的事实，那就是在我们的心里都会有着自己想怎么样就怎么样的念头。同样，我们要知道，要想达到我们心里面所期望的目标，就要去做，就要去奋斗。事实上，在现实生活中，我们每一个人都是这样做。然而令人遗憾的是"理想很丰满，现实很残酷"，尤其是现实变得更为残酷的现今。我们在不断地努力拼搏过程中，存在着自身或者是其他方面的原因，例如我们自身的能力不够、缺乏所需要的一些社会资源等，我们不但不能够获得自我所期望的成功，却在不断地经历着各种各样的挫折与失败的打击之后，我们真的感到了无能为力，觉得自己没有了任何的办法。于是，不少人选择了放弃，但是不是真的就能够彻底地放弃呢？很少有人能够做到。

虽说在很多时候，我们有些人表面上看起来似乎真的已经忘记了自我的曾经的理想与追求，已经习惯了目前的生活方式与习惯，过着朝九晚五的生活，偶尔跟一些亲朋好友相聚……表面上看起来好像情形不错，可是曾经的理想与追求却常常会在不知不觉中浮现在脑海中，而在这一时候，我们就变得纠结起来，越发地感到自己是那么的渺小，是那么的无能为力，它们在我们脑海中不断地呈现，一次一次地重复，以前的一些经历自然而然地延伸到了现在，在影响着我们去看待身边的一切。心理学认为，当我们感到不适的时候，很自然地就想着要把这种不适感弄清楚。那么该如何做呢？于是，我们很多人动不动就发牢骚，在抱怨，而有的人则会采用一些外在的刺激去麻木自我，让自己尽量地忘记掉那些。

给自己编织了一个谎言，这就像是我们在说了一句谎话后，害怕被别人识破，便会用无数的谎言去圆那句谎话，害怕与担心被别人识破。但他们心里面很清楚，谎言便是谎言，不管自己如何去"圆"，总有一天会被人识破，但又不能不这么做……这一切的一切解释成为一种恶性循环。这也就是为什么很多人嗜烟嗜酒，以及许许多多的让人有着一些看起来让人理解的奇怪癖好的原因所在。为什么会抑郁呢？是这个我们生活的时代造就了我们的抑郁，还是在于我们自己？外因需要通过内因起作用，而从心理学的角度去看，抑郁恰恰就是由于我们自身造成的，在于我们对于自己缺乏一个较为公正的认知，在于我们不敢正视所遇到的困难，选择了逃避。也就是说，我们之所以感到抑郁，并不是因为那些无法解决的难题所造成的，而是在于我们在面对那些难题的时候，因为害怕而选择了逃避所致。因此，我们在面对抑郁病人时，采取的是以心理辅导为主、药物为辅的治疗方法，因为如果不帮助抑郁的人改变认知，不改正他们对事物的理解的话，抑郁便会像影子一样始终伴随着他们。

那么，我们怎样才能摆脱情绪的掌控呢？心理学家建议，首先，我们要认识到世界上的事并不以意志为转移的，要知道并不是我们想要怎么样就能怎么样，而是要知道自己能够做什么不能够做什么。如果把自己看得太高，给自己提出了太高的期望和要求，一旦遇到挫折与失败，便极有可能会变得一蹶不振，怨天尤人。其次，应该要知道，成功与失败是很自然的现象，在人的一生中，原本就是失败与成功不断交叉进行的。最后一点，便是要知道，失败了并不能代表什么，即便是真的失败了也不代表我们就一无所有。有一句话虽然听出来很老土，但却很管用，那就是：让我们的心中常常抱有希望，只要心中拥有了希望后，就像是悬挂在我们心灵的深处一轮朝阳，化解掉因抑郁而带来的一切迷雾。

8

Chapter 8

"笑容"的背后

开怀大笑：欢乐十足

还记得那些曾经让你开怀大笑的场面吗？可能是一个喜剧情节，可能是一段有趣的相声，也有可能是别人出糗的场景。

最饱满的笑容

开怀大笑的形态特征非常明显，包括：双眼紧闭，下方有笑纹，眼角内侧有皱纹，眼角外侧有鱼尾纹；嘴角向上，向两侧提升，会露出牙齿；脸颊隆起明显。

笑其实是一种复杂的神经反射活动，从笑料到大脑皮层，再到肌肉的动作，这一过程包含了信号的接收和感官的传递。这种表情只有在接受某种较强的刺激后，才会不受控制地呈现出来，因而这种笑容也很难装出来。

生活中有这样一类人，在别人看来不好笑的事情也能引得他们开怀大笑，我们称其为"笑点低"。开怀大笑这种表情极难作假，所以这样的人通常性格豪爽、心胸开阔、为人正直，也比较富有同情心，和他们相处总会感到很愉快，他们所在的地方气氛总是很融洽。

大笑是比较耗费能量的，没有诱发的刺激事件，人们很难做到开怀大笑，因而这种表情比较好判断。

要珍惜身边喜欢开怀大笑的人，他们不止自己开心，也会给周围的人带来快乐，是值得深交的朋友。

微笑：洋溢着温暖

俗话说：人逢喜事精神爽。当你遇到开心的事情，又或者今天的心情特别好时，也许你并不想刻意地表现出高兴，但会不自觉地流露出微笑的表情。

微笑是我们日常生活中最为常见的笑容，在所有的表情中，它的"出镜率"算是较高的，与人交往的时候多是保持这种笑容。

这个表情比较好判断，微笑时，人的眼睛是眯着的，眼睛下方会形成明显的笑纹，嘴角因为被大幅度地拉向两侧而咧开，上下齿呈咬合状，会露出上齿。

这样的微笑通常不会发出声音，经常保持这种微笑的人往往性格比较内向、感性，个人情感容易受到其他人的影响，容易被外界的环境感染。

这样的笑容温柔、亲切，给人一种舒服、温暖的感觉。所以，除了心情好的时候，在向他人表达友善的时候，人们也会选择这样的笑。

这种微笑平凡简单，没有过于复杂而深刻的含义，是自然而然流露出来的一种神情。

（1）与人交往的时候要尽量保持这种笑容，这样的笑容让人感觉舒服，可以更快地拉近人与人之间的距离。

（2）一个人能够流露出饱满的微笑神情，说明他此刻的心情非常好，我们可以试着分享他的快乐。

假笑：另类的伪装

有一种笑容我们常常这样来形容，就是"皮笑肉不笑"，也就是我们通常所说的假笑，这样的笑在我们的生活中也并不少见。

生活中很多人都在对我们笑，我们也无时无刻地不在对别人笑，只是这笑容背后的真正意义，只有当事人自己清楚。

研究发现，人们在假笑的时候，左右脸的表情并不完全相同，由于控制面部表情的神经元大都集中在右半球的大脑皮层中，而人的潜意识又希望自己的笑容更真实一些，所以左侧脸部的笑容会更加明显。

这样的笑容通常被我们理解为虚伪和心怀恶意，其实每个人都有可能这样笑过，可能是一种假意逢迎，也有可能只是为了隐藏内心的悲伤，还有可能是为撒谎做缓冲。

很多时候，我们没有必要深究那些虚伪表现的原因，但至少我们应该从一个人的外部表现看出他的真情和假意，他的表情会给我们提供很多线索。

（1）真正的笑容一定要有一双在笑的眼睛，所以，要判断笑容的真假，就要看对方的眼睛，那些眼部形态没有明显变化的笑容，基本上都是假笑。

（2）不要以为鱼尾纹只是一个不年轻的标志，没有它的笑容一般不会是发自肺腑的真心笑容。

（3）当我们无法断定的时候，可以观察对方的左脸，假笑会在左脸上更清晰地表现出来。

冷笑：不屑的讥讽

两个人吵架的时候，经常会用到冷笑，就好像把它当成了攻击对方的武器，它到底能起到什么样的作用呢？

单侧嘴角上扬，露出上齿，眼睛略微闭合，但下方没有笑纹，这样的表情就是冷笑，也可叫作讥笑。冷笑也是全世界通用的一种表情，人们通常用这个表情表达厌恶和不屑。

这样的表情出现时会非常清晰，哪怕很短暂，也会让人察觉到其中的意思。比如夫妻间感情出现危机了，双方相见时可能都会冷冷地看着对方，再发出一声冷笑，表示不屑。

当人们对别人的观点表示反对的时候，也会冷笑一声，大有讥讽的意思，就好像在说："说的什么呀，简直太可笑了！"

性格研究表明，如果一个人经常发出冷笑，则说明他是一个阴险、狡猾的人，与这样的人交往需要多加注意。

人们讨厌冷笑，因为没有人愿意接受别人对自己的轻视。所以，冷笑出现时，气氛也会变得很僵。

两个人在谈事情的时候，如果一方发出冷笑，则表明他有不同的意见，同时表达了对你的不屑。如果双方就某个问题争执不下，建议改天再谈，在浓重的火药味下展开的交流，不会取得好的效果。

狂笑：桀骜之人或亡命之徒

狂笑，即纵情大笑。有的人可能会提出这样的疑问：这狂笑与开怀大笑究竟有何区别？事实上，狂笑要比开怀大笑更为放纵和无所顾忌。

人们狂笑的时候，你能感受到十足的底气，这也是与普通大笑的区别。同时人们还会摆出放荡不羁的身体姿态，看起来有些疯狂。

那么会是什么原因引发人们如此的举动呢？

（1）天性使然。喜欢看武侠小说的人知道，一些作家喜欢用狂笑来塑造人物的性格，多是些江湖义士，这样的笑声代表他们狂放不羁、不拘小节的性格。

现实生活中，我们很少能听到这样的笑声。

人们会底气十足地大笑，却很少笑得这样狂妄，否则会被人们视为不正常的表现。

（2）最后的疯狂。观影的时候我们可能会看到亡命之徒在最后关头的狂笑，这是走投无路时的无奈表现。

这样的笑声不禁让人们感到害怕，这样的表现大有"豁出去"的意味，对于被逼到绝路上的人来说，他们已经具有了"死都不怕了"的心理准备，这样的人最可怕。

人们在彻底释怀后或心如死灰前，也有可能会这样笑，他们或许还会做出一些意想不到的事情。

狂妄的笑声因为放肆而疯狂，会让听到的人感到害怕，不过，除了在电影或电视剧中，我们很少有机会听到这样的笑声，当然，还是听不到为妙。

狂笑往往只是一种前奏，我们必须多加注意，此人接下来可能会做出更疯狂的举动，我们要有所防备。